名店OXYMORONの熱賣甜點

東京・大阪・鎌倉，探索熱門排隊咖哩餐廳
反客為主獨具魅力的糕點

出版菊文化

Introduction

「來點甜點如何？」
在用餐之後，我們總是想要以甜點做為結尾。
不論是邀請朋友來家裡，或小憩片刻，
無法錯過的就是甜點。
在OXYMORON之初，我們思考著，如果不僅有咖哩，
還有一些讓人在這裡想嚐一嚐的美味甜點，會有多好。
於是我們開始思考關於與咖哩相搭配的點心。
祖母用蒸籠做的高高的布丁，
城裡糕點店所陳列檸檬形狀的蛋糕，
走了長長的路進入的咖啡店裡，所吃到的微苦咖啡凍…。
OXYMORON的「甜點」開始於此，
我們希望製作出帶有懷舊感的東西，保持單純而樸實，
但是精心製作，同時加入當下的新設計。
外觀看起來簡潔純粹，但吃下一口會感覺到驚喜。
有時候加入香料，以與咖哩相呼應的方式，
或是有些時光倒流的口感。
甜點們的外型看似容易理解，實際上味道卻帶有一點點巧思，
讓人心裡暗自感覺「WOW!」的欣喜，
就是我們希望能夠加入並呈現給大家的樂趣。

這本書全部是OXYMORON的食譜，一字不差地記錄下來。
希望你可以根據在店裡品嚐的味道，更改材料，改變形狀，加以變化，
若能因此找到自己喜歡的版本，我們與有榮焉。
即使無法取得食譜上所列出的所有材料，或者成品稍微不同，
希望你在過程中能夠享受樂趣，創造出讓你開心的甜點。

總監　村上愛子
糕點師　大島小都美

OXYMORON
CLOSED WEDNESDAY
ENTER

CONTENTS

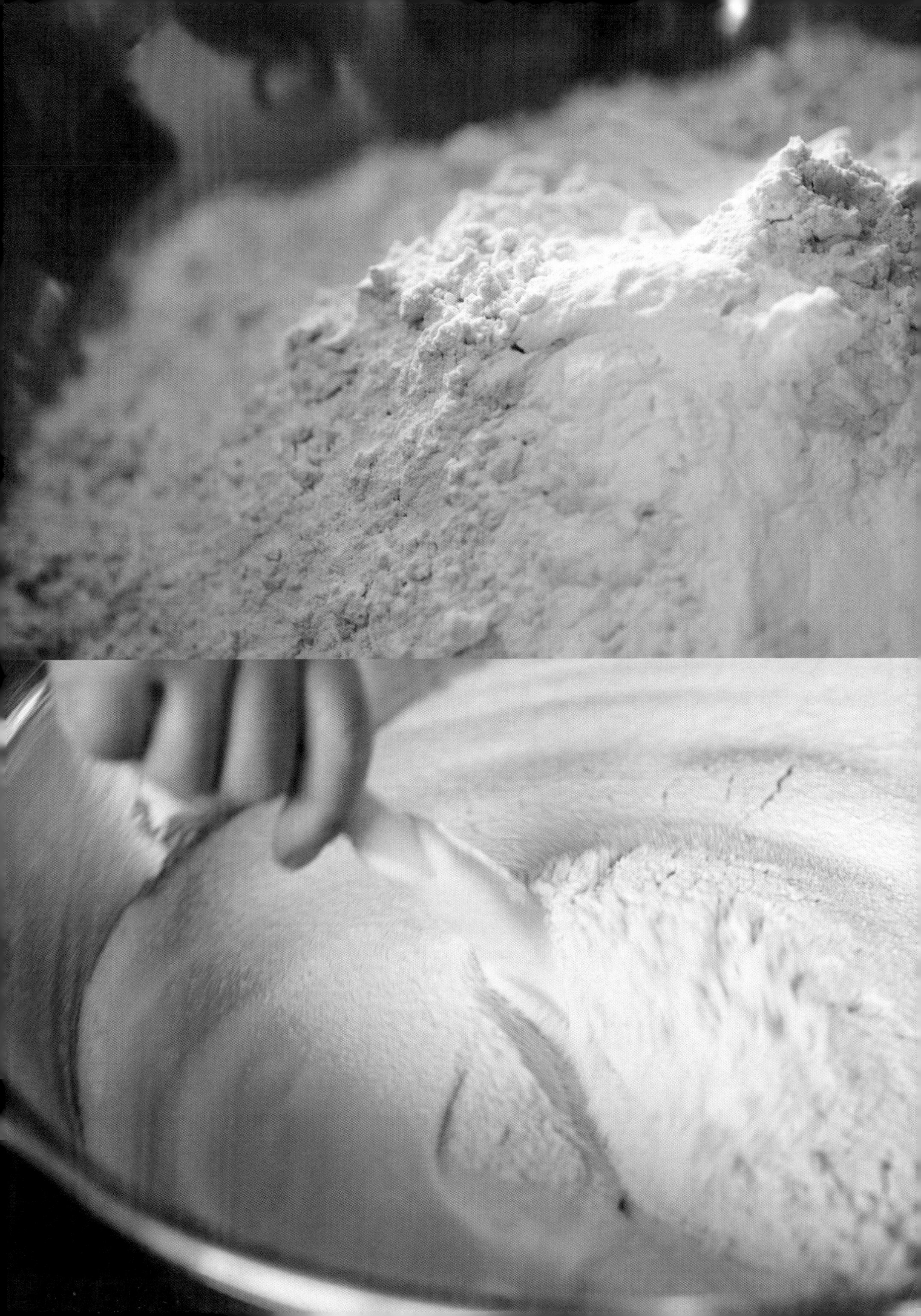

第2章
四季流轉
各個季節都想品嚐
特別的點心

第3章
與重要的人一起共度時光。
奢華的點心和
飲品

食譜準則

- 食譜中的1大匙等於15毫升，小匙1等於5毫升。
- 鹽的份量，1撮是用拇指、食指和中指的指尖捏取的量。少許是用拇指和食指的兩個指尖捏取的量。
- 使用的烤箱是瓦斯烤箱。
- 由於型號和熱源的不同，烘烤的時間可能有所差異，請隨時觀察並調整。

主要使用的材料

本書使用的部分材料如下，可以使用容易取得或喜好的材料。

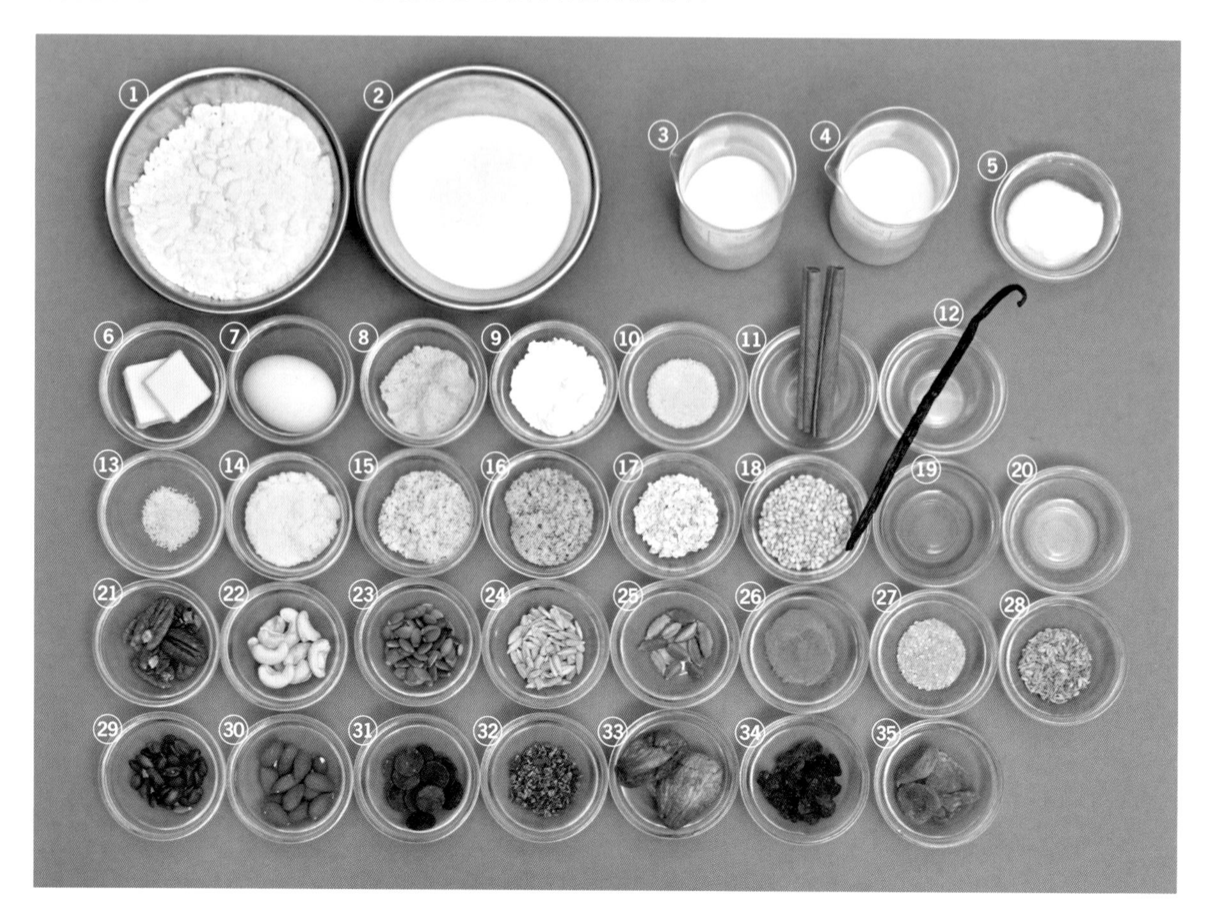

1 低筋麵粉

烘烤點心的基礎。在家中，建議選擇明確標有「糕點用」的產品。

2 微粒砂糖

使用製作糕點的細顆粒砂糖。

3・4 牛奶・鮮奶油

鮮奶油根據食譜可使用乳脂肪成分42%或35%。如果未指定，可以使用35%以上，個人喜好的鮮奶油。

5 無糖優格

可以使用個人喜好的優格，也可以選擇濾掉水分後使用。

6 奶油

主要使用無鹽奶油。在製作檸檬餅乾、沙布列酥餅Sablés、奶油酥餅Shortbread時使用發酵奶油。

7 雞蛋

使用M號蛋（不含殼約50g）。

8・9 二砂糖・純糖粉

除了細砂糖外，也經常使用的砂糖。檸檬蛋糕和摩爾多瓦的裝飾使用純糖粉。

10 明膠

使用粉狀明膠。

11・12 肉桂棒・香草莢

用於製作卡士達等點心的香料。

13 鹽

使用法國產的葛宏德海鹽Sel de Guerande，用來突顯甜味。

14～16 粉類

由左至右依次為杏仁粉、杏仁粉（帶皮）、榛果粉。

17・18 燕麥片・綠米

用於製作餅乾，綠米可以使用糙米代替。

19・20 蘭姆酒Rum・君度橙酒Cointreau

用於糕點調味的代表性洋酒。

21～24・29～30 堅果類

由左至右依次為胡桃、腰果、南瓜籽、葵花籽。再由左至右為開心果、杏仁。

25～26・28 香料類

由左至右依次為豆蔻、肉桂粉、茴香籽。

27 陳皮

柑橘皮和粉，用於拉西（Mandarin lassi酸奶）。

31・32 糕點用巧克力・可可碎粒

用於巧克力類糕點。

33～35 果乾

由左至右依次為無花果乾、葡萄乾、杏桃乾。

主要使用的工具

這本書主要使用的工具和模具如下，可用手邊有的器具替代。

1 鋼盆

在混合麵糊或打發鮮奶油時使用。建議使用深的鋼盆，擁有不同大小的更加方便。

2 網篩

用於過濾低筋麵粉、糖等粉末成分的網篩。在少量純糖粉等情況下，也可以使用茶濾網代替。

3 電子秤

建議選擇可以精確計量到1g的電子秤。

4 擠花袋和圓形花嘴

用於裝飾，不僅可以擠出鮮奶油，還可用於組裝栗子蛋糕（P.90）。

5 量匙

用於量測砂糖、洋酒等少量成分。有1大匙（15毫升）和1小匙（5毫升）等尺寸。

6～8 模型

如磅蛋糕模、圓模、布丁模等。根據要做的糕點選擇合適的模型。

9 橡皮刮刀

用於攪拌麵糊或清理容器，建議使用耐高溫的矽膠製品，擁有不同大小更加方便。

10 抹刀

在需要平整塗抹乳霜狀材質時使用。湯匙的背面也可以作為替代工具。

11 打蛋器（攪拌器）

在需要將空氣充分攪拌進奶油、蛋、鮮奶油等時使用。擁有攪拌機或電動攪拌器可以節省攪拌時間，使工作更輕鬆。

12 刨絲器

本書使用刨絲器來磨取檸檬皮。

13 尺

用於測量冰箱餅乾的長度，或在製作蛋糕時繪製直線圖案。

關於 OXYMORON

2008年10月，在鎌倉的小町通旁邊，OXYMORON 以一家咖哩店的形式開業。
這個地方位於稍微遠離熙攘街道的二樓，沒有特別豪華的佈置，只有普通的窗戶和白牆，
但在這裡，天空看起來更加寬廣，時間流轉緩慢。
這是一個與日常稍微脫離，讓人感到舒適的、不特別但卻特別的地方。
我們想要提供的東西，也一直在思考著如何讓它們適合這樣的環境。
餐食、甜點、茶、風景、音樂、人，我們珍惜這一切營造出的氛圍......。
雖然 OXYMORON 開業初期是一家寧靜的店鋪，
但現在已經能夠迎接許多顧客。

OXYMORON 沒有特定的目標客群。
我們希望成為一家開放的店，無論年齡和性別，每個人都可以找到樂趣。
如果成為造訪者記憶中的一個角落，我們將感到非常開心。
並且，希望店鋪在每次造訪時的氛圍保持不變，同時慢慢地進化。

在守護珍愛之物的同時，期許能夠在這個地方持續長存。

コマチ（本店）
神奈川県鎌倉市雪ノ下 1-5-38
こもれび禄岸 2F

オナリ
神奈川県鎌倉市御成町 14-1
御成ビル 1F

二子玉川
東京都世田谷区玉川3-17-1
玉川髙島屋 S・C 南館 4F

北浜
大阪府大阪市中央区北浜 1-1-22

第 1 章

輕鬆製作
OXYMORON
人氣不墜的糕點

在OXYMORON開店前，
員工們討論要推出什麼樣的「甜點」菜單時，
第一個提到的就是這個布丁。
特意選擇製作傳統口感的硬布丁，
所有人一致同意。
我們利用全蛋和牛奶的純淨風味，調製出適度的甜味，
焦糖則稍微加重苦澀感，添加成熟大人口味的苦澀元素。
我們追求的是，吃下一口時能夠感受到
有一種「像在昔日咖啡廳吃過的懷舊味道」的感覺。
從開店最初到現在，
這是OXYMORON「甜點」的代表作。

卡士達布丁

材料　底部直徑5cm× 高6cm（170cc）的布丁杯

焦糖

細砂糖……65g

熱水……1大匙（稍微滿）

布丁液

雞蛋……6顆

細砂糖……80g

牛奶……500g

香草莢……½支

預先準備

・預熱烤箱至 140℃。

4 注意加入熱水時以木匙慢慢倒入，以防焦糖噴濺，攪拌均勻。

5 迅速將焦糖倒入布丁杯底部。

6 在香草莢的一側切一刀，刮出香草籽。保留香草莢。

TIP 將香草莢剖開，滑動刀尖，以取出香草籽。

10 等到所有的蛋和砂糖都加入後，用打蛋器輕輕攪拌，使之混合均勻。

TIP 請小心不要打發，像是鋼絲切斷蛋液一樣避免起泡，輕輕攪拌。

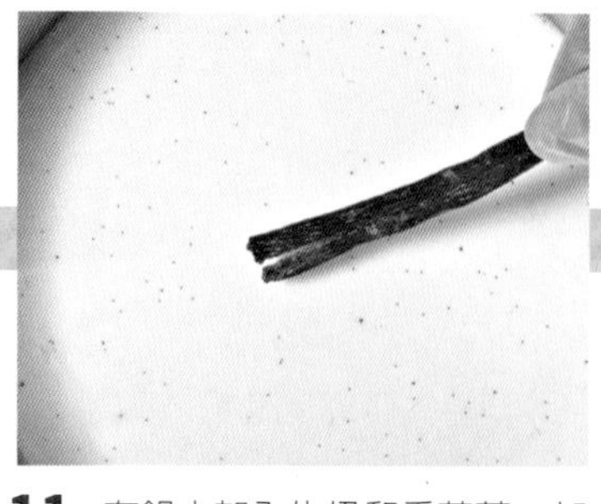

11 在鍋中加入牛奶和香草莢，加熱至50℃左右。

12 將加熱後的牛奶慢慢倒入**10**中攪拌均勻。

TIP 一開始請慢慢倒入，同時攪拌，這樣可以避免不均勻。

作法

顏色範例

1 將用於焦糖的砂糖倒入鍋中加熱。

2 砂糖變成茶色時，搖動鍋子，同時用木匙攪拌，直到均勻變成焦糖色。

3 當從鍋中冒出大量煙，接近範例的顏色時，即可離火。

7 在鋼盆中加入布丁液的砂糖和香草籽，用手搓揉均勻。

8 混合均勻的狀態。

9 在另一個鋼盆中，逐顆打入蛋，每次打入蛋時也分6次加入細砂糖，攪拌均勻。

13 過濾**12**的布丁液2次。

14 在**5**倒有焦糖的布丁杯中，均勻倒入布丁液。

TIP 迅速地倒入容易產生氣泡，請慢慢且平穩地倒入。

15 在深的烤盤底部鋪乾淨的布，擺放**14**。將約40°C的溫水倒入布丁杯的7～8分高，然後在140°C的烤箱中烤45分鐘。

TIP 當觸摸表面時感覺到有回彈的彈力時，即表示烤好了。

安納芋布丁

安納芋，與使用微波爐加熱相比，
以蒸煮或在烤箱中烘烤
會帶來更濕潤且甜美的口感，
加深美味程度。
由於含有豐富的纖維，
因此過濾的過程至關重要。

材料 底部直徑4cm × 高度5.5cm（110cc）的布丁杯5個

焦糖

- 細砂糖……65g
- A ┌ 熱水……1大匙
- A └ 肉桂粉……少許

布丁液

- B ┌ 安納芋泥……150g
- B └ 細砂糖……50g
- 牛奶……150g
- 鮮奶油（乳脂肪42%）……100g
- 雞蛋……2個
- 瑪撒拉（masala）香料粉※……適量

※ 瑪撒拉香料粉是一種在印度用於炸物或沙拉等的清新混合香料，其中包含Amchoor（青芒果粉）和各種香料，帶有清爽的風味。

預先準備

- 將烤箱預熱至 150℃。
- 將安納芋蒸熟後，搗碎製成泥狀。如果使用烤箱，可用鋁箔包裹安納芋，烤至變軟，然後再搗成泥。

焦糖的製作方法 → 參考P.14～15 的**1～5**

1. 將砂糖放入鍋中，加熱。當砂糖開始變成深褐色時，不斷搖動鍋子，等到砂糖均勻形成焦糖色。
2. 當鍋冒煙時，即可離火，加入**A**。
3. 迅速倒入布丁杯底部凝結。

布丁液的製作方法

1. 在鋼盆中放入**B**，用打蛋器混合均勻。
2. 在鍋中加入牛奶，加熱至快要沸騰時，離火，加入鮮奶油並攪拌。
3. 將蛋逐一加入**1**中，不斷攪拌至順滑。
4. 將**2**慢慢加入**3**中攪拌均勻。
5. 將**4**的布丁液以篩網過濾2次。
6. 將布丁液倒入含有焦糖的模型中。
7. 在深盤的底部鋪上乾淨的布，將模型放入。將約40℃的溫水倒入布丁杯外至7~8分高，然後在150℃的烤箱中烤40分鐘。用手輕輕觸摸表面，若感到有彈性，就表示烤好了。
8. 最後在表面撒上一些瑪撒拉香料粉。

南瓜布丁

使用含有大量水分的南瓜可能會使布丁液分離，
南瓜的種類也會影響最終的口感和味道。
在家裡使用市售的無糖南瓜泥
也是一個方便且推薦的方法。

材料 16cm×7cm×高5.5 cm的磅蛋糕模1個

焦糖

- 細砂糖……75g
- **A** 熱水……20g
- **A** 肉桂粉……¼小匙

布丁液

- **B** 南瓜泥……120g
- **B** 二砂糖……30g
- **C** 細砂糖……24g
- **C** 牛奶……140g
- 鮮奶油（乳脂肪42%）……50g
- 雞蛋……2顆

預先準備

- 預熱烤箱至150°C。
- 蒸熟南瓜後，搗爛成泥狀。

焦糖的製作方法 →文字參考P.16（照片P.14～15的**1**～**5**）

布丁液的製作方法

1. 將**B**放入鋼盆中，使用打蛋器混合。
2. 將**C**放入鍋中，加熱至即將沸騰，離火，倒入鮮奶油中攪拌。
3. 將蛋一次1顆加入**1**中，每次加入都混合至順滑。
4. 在**3**中加入**2**，繼續攪拌。
5. 過篩2次**4**的布丁液。
6. 將**5**的布丁液倒入有焦糖的布丁杯中。
7. 在深盤底部鋪上乾淨的布，放入**6**。將40°C左右的溫水注入布丁杯至7~8分高，以150°C的烤箱烤40分鐘。觸摸表面感到有彈性即可。

咖啡與核桃的
磅蛋糕

這是一款做法簡單，
深受員工喜愛而加入菜單的磅蛋糕。
使用煉乳製作牛奶咖啡風味的麵團，
搭配脆脆的核桃口感，再加上濃郁的酥粒（crumble），
使外觀和味道都變得豐富多彩的磅蛋糕。
剛出爐的時候，空氣中瀰漫咖啡香氣，令人感到幸福。
美味製作的訣竅，是在打發奶油並逐漸混入糖的過程中，
充分打入空氣，使麵糊變得蓬鬆且白，
還有將室溫的全蛋分次加入，
混合時要注意不要使其分離。
這是製作磅蛋糕的共通技巧，
若能掌握好這個步驟，
將能更自由自在地享受各種不同的變化。

咖啡與核桃的磅蛋糕

材料　16cm×7cm×高5.5cm的磅蛋糕模1個

奶油……60g
細砂糖……30g
蛋黃……1個
全蛋……1個
加糖煉乳……40g

A
- 咖啡萃取液……10g
  ※ 將5g即溶咖啡粉溶解在10g濃縮咖啡或滴濾咖啡中。
- 咖啡利口酒……10g

杏仁粉（帶皮）……50g

B
- 低筋麵粉……60g
- 泡打粉……2g

核桃（用於麵團）……35g

酥粒（crumble）

酥粒麵團……50g
※ 烘烤前的麵團。→P.80

核桃……7g
咖啡粉……5g
※ 為了萃取濃縮咖啡使用，需細研磨。

預先準備

- 在模型內鋪烘焙紙。
- 奶油和蛋放至室溫。
- 將**B**混合並過篩備用。
- 麵團用的核桃和酥粒麵團，分別在120℃的烤箱中烤15分鐘，然後用刀切成約1/6至1/8的粒狀。

- 烤箱180℃預熱。

作法

1　在鋼盆中放入奶油，使用攪拌器打發，直到變得蓬鬆且顏色稍微變淺。
※ 也可以使用電動攪拌機。

5　加入加糖煉乳並混合。

9　用橡皮刮刀從鋼盆底舀起麵團，向下切入，再次舀起輕輕攪拌。不需要過度揉搓。

13　混合用於酥粒的酥粒麵團、核桃和咖啡粉。

2 加入砂糖，繼續打發。

3 加入蛋黃並充分攪拌。

4 把充分打散的全蛋分2~3次加入，每次加入時用打蛋器混合，以防止分離。

6 加入**A**充分混合。

7 加入杏仁粉並繼續攪拌。

8 把**B**的⅔量分2~3次加入，每次使用橡皮刮刀混合。

10 加入**B**剩餘的⅓量和切碎的核桃，再次混合。

11 當麵團變得有光澤時即完成。

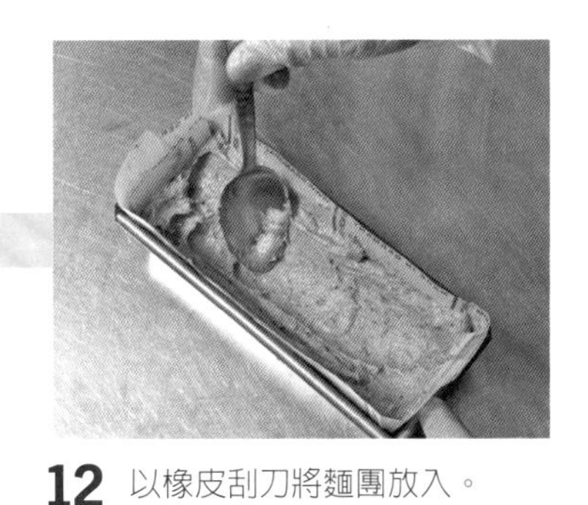

12 以橡皮刮刀將麵團放入。

TIP 由於中心會膨脹，可以用湯匙等工具使中央稍微凹陷，以便火力均勻通過。

14 一邊攪拌，一邊用手指將酥粒麵團細細搓開成粗粒狀。

15 將**14**放在**12**上，輕輕用手按壓。

16 在180℃的烤箱中烘烤30分鐘，然後降至170℃繼續烤20分鐘。脫模取出冷卻。

開心果和蔓越莓的磅蛋糕

以蔓越莓的紅色為亮點，以新綠為意象，添加了開心果烘烤而成。
以櫻桃製成的白蘭地是隱藏的風味。
白巧克力的甜味和可可粒的苦味，形成了強烈的對比，OXYMORON風格的磅蛋糕。

材料　24cm×9cm×高8cm的磅蛋糕模型1個

	材料	份量
A	奶油	180g
	細砂糖	150g
	蛋黃	2顆
	全蛋	2顆
B	杏仁粉（去皮）	40g
	開心果粉	30g
C	低筋麵粉	140g
	泡打粉	3g
D	蔓越莓乾	60g
	白巧克力豆	40g
	開心果	30g
	可可粒（cacao nibs）	10g
	櫻桃白蘭地（Kirsch）	20g

預先準備

- 在模型內鋪烘焙紙。
- 把奶油和蛋攤平至常溫。
- 將**B**和**C**分別混合過篩。
- 蔓越莓浸泡在沸水中。
- 用刀粗略切碎開心果。
- 預熱烤箱至180°C。

作法

1. 在鋼盆中放入**A**，使用攪拌器混合至顏色變淺。
2. 加入蛋黃攪拌。
3. 當充分混合後，分次加入打散的全蛋，繼續攪拌。
4. 加入**B**混合。
5. 分2~3次加入**C**的⅔，使用橡皮刮刀混合。
6. 依次加入櫻桃白蘭地、**D**和**C**剩餘的⅓，直到沒有粉粒為止。
7. 將麵糊倒入模型中，在180°C的烤箱烤45分鐘。烤好後，脫模冷卻。

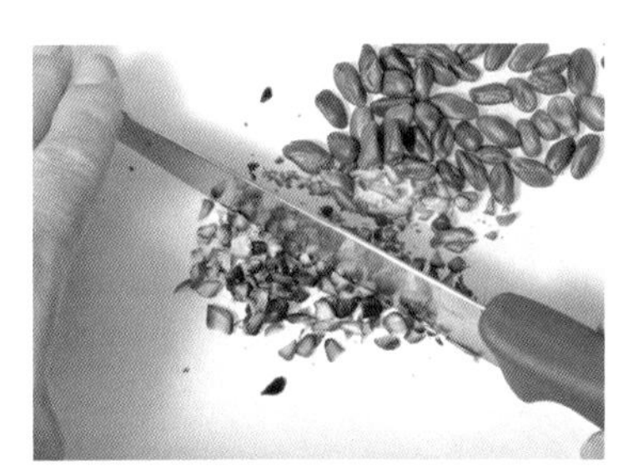

開心果用刀切成粗粒。

將蔓越莓以熱水浸泡約10分鐘。

果乾磅蛋糕

這是一款充滿果乾、堅果和紅綠色糖漬櫻桃的經典蛋糕，
非常適合聖誕節。市售的糖漬櫻桃可以直接使用，
但稍微花些心思處理，會讓味道驚艷。

材料　24cm×9cm×高9cm的磅蛋糕模1個

A	奶油	150g
	細砂糖A	90g
蛋黃		3個
鮮奶油		30g
B	蛋白	3個
	細砂糖B	70g
C	低筋麵粉	180g
	高筋麵粉	40g
	泡打粉	3g
蘭姆酒		1大匙
D	葡萄乾	100g
	洋梨乾	50g
	無花果乾	50g
	胡桃	50g
糖漬櫻桃(紅·綠)		各7顆

預先準備

- 在模型內鋪烘焙紙。
- 將奶油、鮮奶油和蛋放至室溫。
- 將**C**混合在一起，過篩備用。
- 用120°C的烤箱將胡桃烤15分鐘，切成適當大小的碎粒。
- 糖漬櫻桃切半，照右下圖片準備好備用。
- 預熱烤箱至170°C。

作法

1 在鋼盆中，將**A**材料放入以攪拌器攪拌至混合，顏色變白且鬆軟，然後逐漸加入蛋黃，每次加入1顆，使用攪拌器混合。

2 逐漸加入鮮奶油，繼續攪拌均勻。

3 在另一個鋼盆中，將**B**放入，打發成堅挺的蛋白霜。

4 將**3**的⅓加入**2**中，用攪拌器輕輕攪拌均勻，然後換用橡皮刮刀，加入**C**的⅓，並從鋼盆底部翻起混合均勻。

5 分別加入**3**的⅓、**C**的⅓和**3**的⅓，每次加入都要混拌均勻。保留剩餘**C**的⅓，先加入蘭姆酒混合均勻。

6 添加**5**所保留**C**的⅓和**D**，再次從鋼盆底部翻起混合均勻。直到沒有粉粒，整個麵糊有光澤為止，將一半的麵糊倒入模具中，用湯匙將表面抹平。

7 將糖漬櫻桃交替排列在上面，然後倒入剩餘的麵糊。在中央用湯匙整形出小小的凹陷。

8 在170°C的烤箱中烤55分鐘。烤好後，脫模取出冷卻。

果乾稍稍浸泡在熱水中，然後瀝乾水分，大的果乾切成約2cm大小。

糖漬櫻桃的準備

糖漬櫻桃用水沖洗掉糖漿。

→

以水2：砂糖1的比例，加入1大匙君度橙酒(所有的材料都是分量外)，浸泡2天以上。

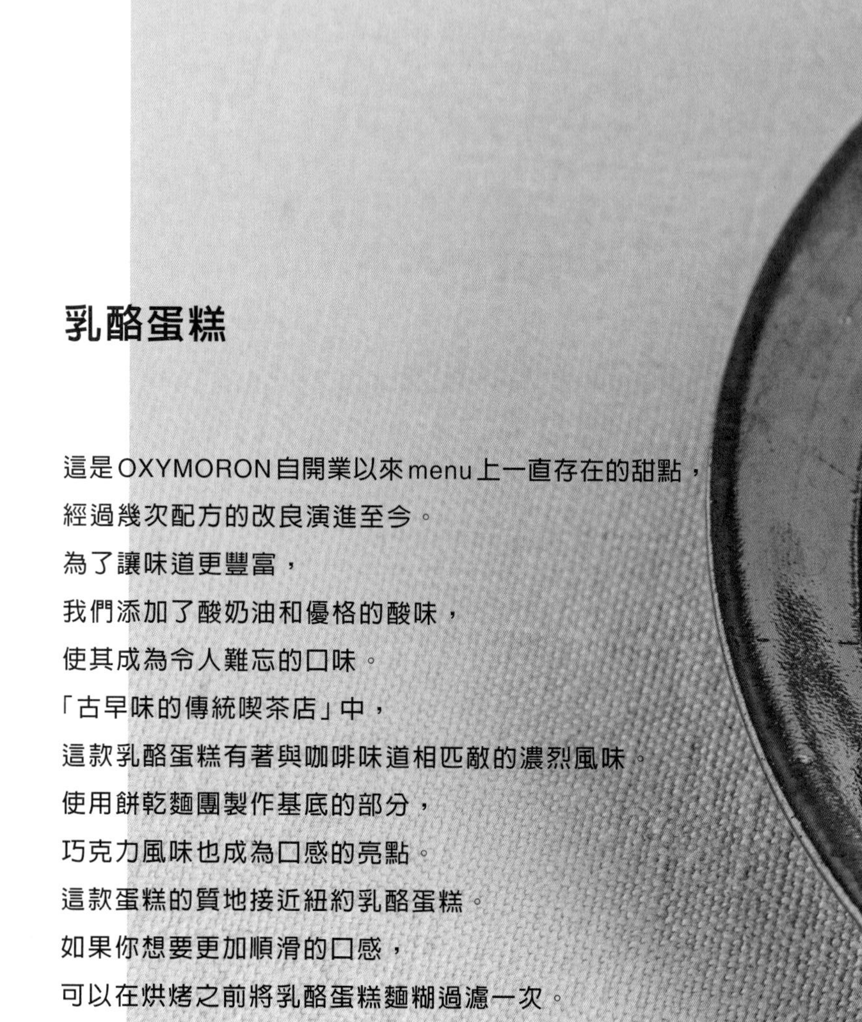

乳酪蛋糕

這是OXYMORON自開業以來menu上一直存在的甜點，
經過幾次配方的改良演進至今。
為了讓味道更豐富，
我們添加了酸奶油和優格的酸味，
使其成為令人難忘的口味。
「古早味的傳統喫茶店」中，
這款乳酪蛋糕有著與咖啡味道相匹敵的濃烈風味。
使用餅乾麵團製作基底的部分，
巧克力風味也成為口感的亮點。
這款蛋糕的質地接近紐約乳酪蛋糕。
如果你想要更加順滑的口感，
可以在烘烤之前將乳酪蛋糕麵糊過濾一次。

乳酪蛋糕

乳酪蛋糕糊的材料

直徑18cm× 高6cm可拆底模型 1個

奶油乳酪（cream cheese）		450g
A	玉米澱粉	25g
	細砂糖	120g
奶油		20g
酸奶油（sour cream）		150g
優格		60g
雞蛋		3個
鮮奶油（乳脂肪42%）		150g

預先準備

- 在模具底部和周圍鋪上烘焙紙。
- 將**A**混合均勻過篩。
- 將烤箱預熱至180°C。

作法

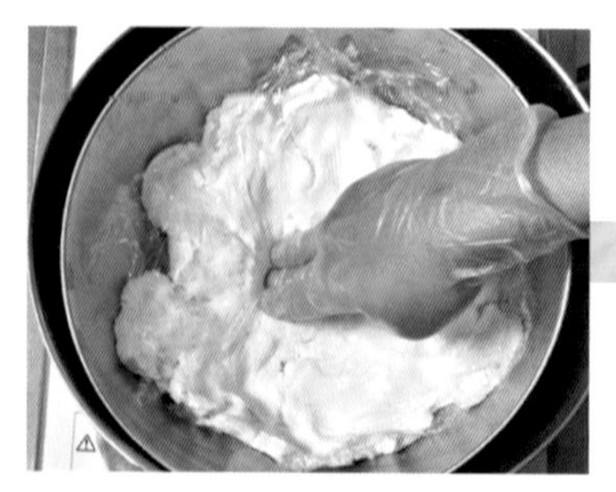

1 將切小塊的奶油乳酪放入鋼盆中，進行隔水加熱。

TIP 為防止表面變乾，建議緊貼上保鮮膜。

5 依次添加奶油、酸奶油和優格，每次加入後都使用攪拌器混合均勻。

巧克力餅乾麵團的材料

640g・方便製作的分量

A	奶油	180g
	細砂糖	130g
	鹽	3g
雞蛋		½個
杏仁粉（帶皮）		70g
B	低筋麵粉	160g
	高筋麵粉	80g
	可可粉	8g

預先準備

- 將奶油回溫。
- 預先混合**B**並過篩。
- 預熱烤箱至170°C。

作法

1. 在鋼盆中加入**A**，用攪拌器攪拌均勻。
2. 將打散的蛋分次加入，每次都要仔細攪拌，以免分離。
3. 一次加入杏仁粉並攪拌。
4. 將**B**分3次加入**3**，使用橡皮刮刀攪拌，直到沒有粉粒並成團。
5. 將麵團切割成140克1份，擀成約3mm的厚度，量出模具底部大小，用刀切下。
6. 在鋪有烘焙紙的烤盤上放置**5**，放入預熱至170°C的烤箱中烤17分鐘。
7. 從烤箱中取出後立即放入模具底部。

※ 剩餘的麵團可以分成小份冷凍保存。

2 等到奶油乳酪軟化後，使用攪拌器攪打，使其呈現軟膏狀。

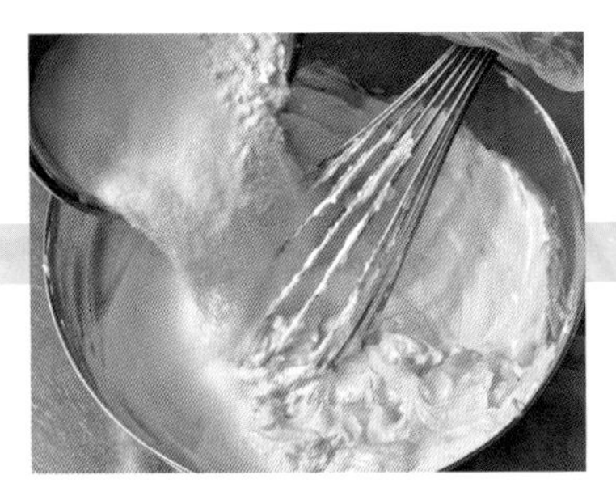

3 從隔水加熱中取出並添加**A**。

4 使用攪拌器攪拌均勻。

6 攪拌至混合均勻的程度。

7 分次加入打散的蛋液，每次都仔細攪拌。

TIP 加入蛋後盡量避免過度攪拌。

8 添加鮮奶油。

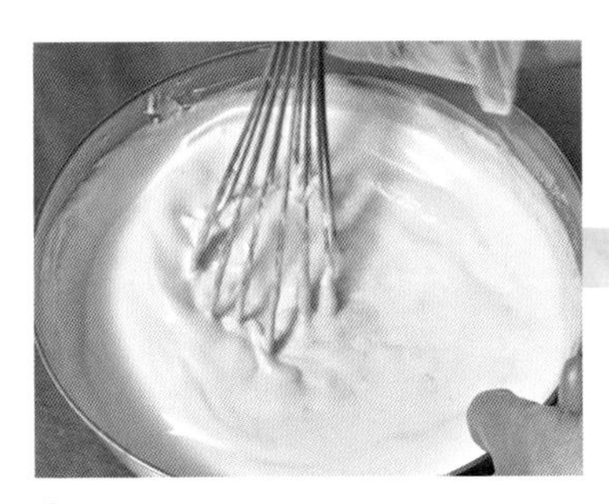

9 請充分攪拌，完成乳酪蛋糕糊。

TIP 如果想要獲得更加滑順的口感，可使用濾網過濾。

10 鋪在模型內的巧克力餅乾底層冷卻後，輕輕倒入乳酪蛋糕糊。

11 放入預熱至180℃的烤箱中烤10分鐘，然後每10分鐘降低10℃，最後在150℃下烤15分鐘。

TIP 每次降溫時都轉動模具，以保持均勻的烤色。

12 烤好後，立即用刀插入周圍的上部，可以減少中央的凹陷。

紅寶石生乳酪蛋糕

這是一款盛裝在杯子中，略微鬆軟的生乳酪蛋糕點心。
雖然使用罐頭來製作櫻桃醬，但若在6月櫻桃盛產季節時能取得新鮮的美國櫻桃，
自製醬汁搭配會更美味。

材料　杯子容量約120～130cc，7～9個

奶油乳酪（cream cheese）……200g
細砂糖……60g
A
- 優格……100g
- 檸檬汁……20～25g（約½顆檸檬）

鮮奶油（乳脂肪35%）……200g
明膠粉……8g
櫻桃白蘭地（Kirsch）……1大匙

櫻桃醬（依製作分量）
B
- 櫻桃罐頭……1罐（411g）
（可使用酸櫻桃或深色櫻桃）
- 櫻桃罐頭的糖漿……200g
- 細砂糖……40g
（糖漿的20%）

檸檬汁……1大匙
櫻桃白蘭地（Kirsch）……1大匙（適量）
※可不加。

預先準備

・明膠粉用25g水（分量外）浸泡備用。

作法

1. 以隔水加熱融化奶油乳酪至軟化。
2. 在**1**中加入砂糖，使用攪拌器混合至光滑。
3. 添加**A**，繼續攪拌均勻。
4. 另一個鋼盆中放入鮮奶油，打發至7分發左右。
5. 明膠粉以隔水加熱融化成液體，加入**3**中混合均勻。加入白蘭地。
6. 分2~3次將**4**加入**5**，每次都用攪拌器由底部舀起輕輕混合。
7. 倒入玻璃杯中，放入冰箱冷藏至凝固。
8. 加上櫻桃醬作為點綴。

櫻桃醬製作方法

將**B**放入小鍋中加熱。→ 沸騰後撈除浮沫。→ 加入檸檬汁後熄火，待稍微冷卻後加入櫻桃酒。

檸檬蛋糕

這是一個將傳統的檸檬蛋糕
以OXYMORON風格重新演繹的作品。
不同於檸檬形狀的外觀，而是使用杯子狀的簡單可愛造型，
展現了OXYMORON獨特的風格。
在麵糊中也融入了OXYMORON的特色。
由於使用低筋麵粉和高筋麵粉各1：1的比例，
賦予了鬆軟、濕潤、有嚼勁的獨特口感。
最後完成使用的糖霜，
因為加了大量的檸檬汁，
吃下去時充滿清新的香氣，
留下令人難以忘懷、繚繞不散的美味。
請務必使用國產檸檬來試試看。

檸檬蛋糕

材料　底部4cm× 高5.5cm（110cc）的布丁杯8個

細砂糖	180g
雞蛋	3顆
酸奶油（sour cream）	75g
A 低筋麵粉	38g
A 高筋麵粉	38g
A 泡打粉	2g
蘭姆酒	1大匙
發酵奶油	45g
檸檬皮磨碎	1顆

檸檬糖霜

純糖粉	300g
檸檬汁	40～50g（1顆）
水	適量

裝飾

開心果	適量

預先準備

- 在布丁杯內塗融化的發酵奶油（分量外），冷藏，撒上高筋麵粉（分量外），將多餘的麵粉扣出。
- 將發酵奶油放入鋼盆中，隔水加熱融化。
- 雞蛋回溫。
- 將**A**混合在一起，過篩備用。
- 用刀切碎開心果。
- 預熱烤箱至185℃。

作法

1 砂糖放入鋼盆中，一點一點地加入打散的雞蛋，每次都用打蛋器充分攪拌均勻。

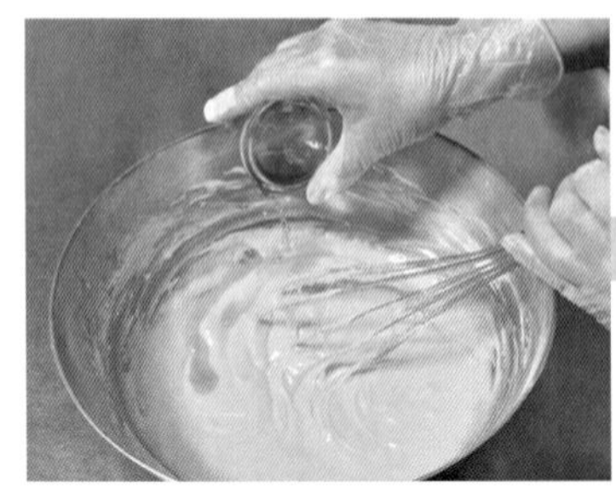

5 加入蘭姆酒，繼續攪拌均勻。

9 使用打蛋器混合。

TIP 以打蛋器仔細混合，從底部向上翻起混合均勻。

13 將**11**的蛋糕頂部膨起的部分切平，翻轉成底部朝上放置。淋上檸檬糖霜。

2 在另一個鋼盆中，加入酸奶油，然後逐漸將**1**倒入，用打蛋器充分混合。

3 混合均一的狀態。

4 將**A**分3~4次加入**3**中，每次都要充分攪拌，以防結塊。

6 將磨碎的檸檬皮加入融化的發酵奶油鋼盆中。

7 將一點點的**5**加入**6**中，混合均勻。

8 一旦均勻乳化，將**7**倒回到**5**中。

10 用湯匙將布丁杯填滿到6~7分滿，也可以使用擠花袋。

11 在預熱至185℃的烤箱中烤15~17分鐘。烤好後從布丁杯中取出，放涼。

12 製作檸檬糖霜。將檸檬汁加入糖粉，逐漸加入水調整硬度。

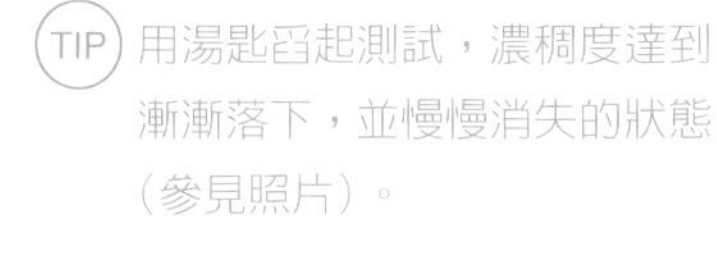

TIP 用湯匙舀起測試，濃稠度達到漸漸落下，並慢慢消失的狀態（參見照片）。

14 使用湯匙等工具，將側面均勻塗抹。

15 在半乾燥時，撒上開心果，待檸檬糖霜晾乾即可。

巧克力薑味蛋糕

在溫熱的狀態下，可以品嚐到類似熔岩巧克力般的濕潤口感，和強烈的薑味交織在一起。
在室溫的狀態下，則像生巧克力一樣濃郁，
生薑的風味更加溫和。請根據個人喜好，選擇不同溫度享用。

材料　直徑15cm×高6cm圓模1個

A
- 巧克力（可可含量55%）……120g
- 奶油……90g

B
- 雞蛋……2個
- 細砂糖……80g

可可粉……30g
薑醬……90g

預先準備

- 在模型中鋪烘焙紙。
- 預熱烤箱至170℃。

製作薑醬

將生薑（100g）在食物料理器中打成泥狀，放入鍋中，加入三溫糖（100g）和檸檬汁（2大匙），一起煮沸。當稍微變稠時，熄火冷卻。

※ 如果使用第95頁的薑香風味飲中使用的生薑，則將生薑100g在食物料理器中打成泥狀，加入三溫糖20g和水40g，放入鍋中煮沸。

作法

1 在鋼盆中放入**A**，以隔水加熱融化。

2 在另一個鋼盆中放入**B**，同樣使用隔水加熱，同時用打蛋器攪拌，加熱至略高於人體肌膚溫度。

3 繼續用打蛋器打發，直到麵糊變得濃稠並且可留下明顯的痕跡。

4 加入可可粉到**3**中，迅速用打蛋器混合均勻，防止結塊。

5 將薑醬加入**1**中並混合。

6 將**5**加入**4**中，同時輕輕攪拌以防止氣泡散失，繼續攪拌至均勻。

7 將麵糊倒入模具中，輕輕拍打底部，讓氣泡均勻。在170℃的烤箱中烘烤25分鐘。

8 烤好後，從模具中取出，倒扣將底部朝上冷卻。根據口味可篩上可可粉（分量外）。

摩爾多瓦

這是模仿在摩爾多瓦河畔咖啡廳品嚐的飲料，製作成蛋糕的版本。
榛果風味的麵糊與細磨的咖啡香搭配，形成獨特而深厚的風味。
佐上豐富的打發鮮奶油更是美味。

材料　直徑18cm×高6cm圓模1個

A
- 奶油……125g
- 細砂糖……45g

蛋黃……3個
榛果粉……80g
咖啡豆（細磨成粉）……25g
鮮奶油……60g
蘭姆酒……20g

B
- 蛋白……3個
- 細砂糖……55g

C
- 低筋麵粉……105g
- 泡打粉……3g

糖霜

D
- 純糖粉……50g
- 水……5g
- 蘭姆酒……½小匙

咖啡巧克力豆（市售）……適量

預先準備

- 在烤模中薄薄塗抹一層奶油（分量外），撒上一些高筋麵粉（分量外）。
- 將奶油、鮮奶油和蛋放至室溫。
- 咖啡豆細磨成espresso咖啡用的粉末狀。
- 將**C**混合均勻過篩。
- 純糖粉過篩備用。
- 預熱烤箱至180℃。

作法

1 在鋼盆中放入**A**，使用打蛋器攪拌至混合均勻、顏色變淺。

2 逐顆加入蛋黃，每次都攪拌至順滑，依次加入榛果粉和咖啡粉攪拌均勻。

3 分次加入鮮奶油，攪拌至順滑，然後加入蘭姆酒。

4 另一個鋼盆中放入**B**，使用打蛋器打至硬性發泡的蛋白霜。

5 將**4**蛋白霜的⅓加入**3**中，輕輕攪拌均勻。

6 使用橡皮刮刀將**C**的⅓加入，由底部輕輕攪拌均勻。然後依次加入**4**和**C**的⅓，輕輕攪拌均勻。

7 將麵糊倒入烤模中，平整表面，以180℃的烤箱烘烤30~35分鐘。

8 烤好後，脫模，倒扣底部朝上冷卻。

9 製作糖霜。在鋼盆中放入**D**，攪拌均勻至順滑。

10 將**9**的糖霜鋪在**8**的表面，使用抹刀平整。在糖霜完全乾燥之前，放上裝飾用的咖啡巧克力豆。

庫爾菲 Kulfi

在印度，庫爾菲是一種以煮成濃稠狀的牛奶，
添加番紅花、堅果等製成的冰棒，
而這個版本是在庫爾菲中加入了一些豐富的水果變化而來。
使用製冰盒製作成立方體也很可愛。

材料　100cc冰棒容器8個

葡萄柚（白、紅色品種）		各½個
葡萄柚汁		100g
A	腰果	30g
	開心果	10g
B	椰奶	1罐（410g）
	二砂糖	60g
	鮮奶油（乳脂肪42%）	200g
小豆蔻籽		3粒

預先準備

・**A**在120°C的烤箱中空烤15分鐘。

作法

1　在鋼盆上疊放濾網，在上方從葡萄柚的果囊中切出果肉，將鋼盆接收的果汁保留，將每片果肉切成4~5等份。

2　腰果壓碎成適當大小，開心果用刀切成粗粒。

3　將**B**放入小鍋中，將小豆蔻籽擠開後整顆放入，加熱。

4　在開始沸騰前關火，用篩網過濾出小豆蔻籽，冷卻。

5　冷卻後，將葡萄柚果實、果汁和**A**放入杯中，插入冰棒棍，倒入**4**，放入冷凍庫冷凍至凝固。

腰果可以用罐底等稍微壓碎。

同時用濾網過濾，取出小豆蔻。

等涼了後，倒入插有冰棒棍的杯子。

咖啡冰淇淋

這是使用OXYMORON獨家烘焙的咖啡豆，所製作的其中一款甜點。
以法式冰淇淋為基礎的食譜，
混合了濃郁的乳霜口感和濃烈的咖啡風味。

材料 方便製作的分量

A
- 牛奶……250g
- 咖啡豆……30g

B
- 蛋黃……2個
- 細砂糖……80g

鮮奶油（乳脂肪42%）……250g
蘭姆酒……2小匙

預先準備
- 咖啡豆打成中粗粉末狀。
- 鮮奶油打發至9分發，然後冷藏。

咖啡豆打成中粗粉末狀，準備30g。

作法

1 在小鍋中加入**A**，加熱至快要沸騰時，離火浸泡。
2 在鋼盆中加入**B**，用打蛋器攪拌至顏色變淺。
3 將**1**過濾掉咖啡渣，液體倒入**2**中。
4 將**3**再次過濾，倒回鍋中。在攪拌的同時加熱，稍微變稠後就可以離火。避免過熱，產生分離。
5 用冰水冷卻**4**。冷卻後加入打發的鮮奶油，均勻混合。
6 加入蘭姆酒攪拌均勻。
7 把**6**倒入容器中，放入冷凍庫冷藏凝固。

1
在小鍋中加入**A**，加熱至快要沸騰。

3
用細網篩過濾咖啡粉。

香料穀片

這是一款嘗試了各種香料，
創造出令人耳目一新的配方。
肉桂、豆蔻是與甜點搭配的經典香料，
但發現茴香籽也有出奇不意的效果。
不論是單獨食用還是與牛奶或優格
搭配都非常美味。

材料 方便製作的分量

A
- 腰果……150g
- 南瓜籽……50g
- 葵花籽……50g
- 全麥粉……12g
- 燕麥片……250g
- 茴香籽……5g
- 混合香料★……12g

★
- 肉桂粉……10g
- 薑黃粉……5g
- 丁香粉（clove）……2g
- 小豆蔻粉（cardamom）……2g

合計共12g。

B
- 菜籽油……70g
- 蜂蜜……170g
- 三溫糖……50g
- 鹽……4g

葡萄乾……30g

預先準備

- 在烤盤上鋪烘焙紙。
- 腰果在120℃的烤箱中空烤15分鐘。
- 用擀麵棍或臼輕輕搗碎茴香籽。
- 混合★製作混合香料（分量可依需求調整）。
- 預熱烤箱至140℃。

作法

1 在鋼盆中放入**A**拌勻。

2 在鍋中放入**B**，用中火加熱。在攪拌的同時，防止油和蜂蜜過熱，使其乳化。

3 當**2**冒泡時，離火加入**1**，充分攪拌均勻。

4 均勻地在烤盤上展開鋪平。

5 在140℃的烤箱中烤1小時，然後開門讓蒸氣散去，繼續烤約20分鐘。

6 待其稍微冷卻後，撥開成鬆散狀，加入葡萄乾。

香料牛奶糖

當鮮奶油有大量剩餘時，
我們會為員工製作這款牛奶糖當零食。
為了帶出小豆蔻的風味，
將內部的籽取出並燉煮是關鍵。
咬到籽的瞬間，小豆蔻的香氣彌漫開來。

材料　直徑10cm×15cm×高1cm框模1個

A
- 鮮奶油……200g
- 細砂糖……70g
- 蜂蜜……30g

細砂糖……50g

B
- 肉桂粉……1小匙
- 小豆蔻（cardamom）內取出的籽……1整顆

奶油……10g

天然鹽……1撮

預先準備

・在模具內鋪烘焙紙。

作法

1 在鍋中放入**A**，用中火加熱至快要沸騰。

2 在另一個鍋中放入細砂糖加熱，製作焦糖。

3 將**1**逐漸加入**2**中。

4 添加**B**，充分攪拌，同時留意鍋底以防止燒焦，煮至濃稠。

5 當煮至刮刀劃過可見鍋底時，加入奶油充分攪拌。

6 最後加入天然鹽輕輕攪拌，倒入鋪有烘焙紙的模具中，放入冰箱冷藏1小時。

7 冷卻後，用溫熱的刀切成長方塊。

在另一個鍋中煮細砂糖製作焦糖。參考→P.14~15 **1~4**

逐漸將**1**加入**2**中。

煮至刮刀劃過可見鍋底。

綠米餅乾

綠米是古代米中的一種糯米，
也是用於OXYMORON咖哩飯的一種米。
由於OXYMORON的形象色是深綠色，因此開始使用它，
實際品嚐後發現味道非常美味，
還能突顯咖哩的風味。
基於這樣的背景，我們設計了這款餅乾，
希望能巧妙運用綠米。
綠米炒過後，與燕麥結合，
並以蜂蜜調味，呈現淡淡的甜。
這款餅乾結合了米的香氣、燕麥的鬆脆口感，
以及綠米小小的顆粒感，
讓你同時享受到2種獨特的口感。
這是一種樸實而新穎的「甜味」，
帶來濃厚的滿足感。

綠米餅乾

材料　直徑5cm 17~20片

綠米……60g
※也可使用糙米代替。

蜂蜜……35g
牛奶……40g
A
- 燕麥片……100g
- 低筋麵粉……80g
- 二砂糖……30g
- 鹽……1小撮

米油……60g

預先準備

- 在烤盤上鋪烘焙紙。
- 過濾低筋麵粉。
- 將烤箱預熱至170℃。

作法

1 將綠米放入鍋中加熱。

4 加入牛奶混合均勻。

8 添加米油。

12 打開保鮮膜，壓平然後排列在烤盤上。

TIP 小心不要讓綠米燒焦，並在綠米噼啪作響的時候輕輕搖動鍋子。

2 待所有米粒都爆成米香後，取出並冷卻。

3 在一個小鋼盆中放入蜂蜜，進行隔水加熱。

5 在另一個鋼盆中放入**2**和**A**，充分混合。

6 將**4**沿著鋼盆倒入。

TIP 使其均勻分佈。

7 使用橡皮刮刀均勻攪拌。

9 再次攪拌。

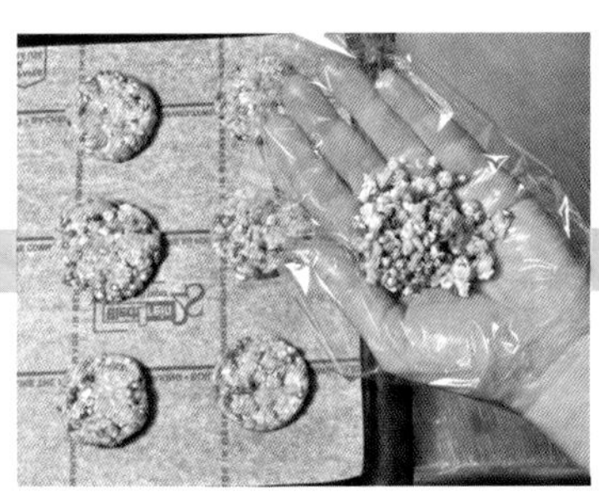

10 將大約2大匙的麵團放在鋪了保鮮膜的手掌上。

11 捲起保鮮膜使麵團變得堅實。

13 在170°C的烤箱中烘烤15~17分鐘，直到變成淺棕色。

檸檬餅乾

這是一款可愛的檸檬冰箱餅乾，帶有溫潤的烘烤色澤。
外圈蘸上粗砂糖，營造出脆脆的口感，成為獨特的點綴。
這個食譜約可製作50塊餅乾，所以可以將一半的麵團冷凍保存。

材料　直徑2.5~2.8cm 約50片

A
- 發酵奶油……110g
- 細砂糖……85g
- 鹽……1g

蛋黃……1個
檸檬汁……15g（約⅓個）

B
- 低筋麵粉……210g
- 檸檬皮磨碎……1顆

粗砂糖……適量

預先準備

- 在烤盤上鋪烘焙紙。
- 讓發酵奶油和蛋回溫。
- 過篩低筋麵粉。
- 將烤箱預熱至160°C。

作法

1 在鋼盆中放入**A**，使用打蛋器攪拌均勻。

2 添加蛋黃，再次充分攪拌。

3 加入檸檬汁，避免分離，混合均勻。

4 將**B**混合，分3~4次加入**3**中，每次都使用橡皮刮刀混合至沒有粉粒結塊。

5 分割麵團為2份，將其搓揉成圓柱狀，用保鮮膜包裹，放入冰箱冷藏約3小時。

6 冷卻後取出，放在工作檯上滾動整形。製成直徑約2.5cm，長約30cm的圓柱狀，再次用保鮮膜包裹，冷凍。

7 取出冷凍的麵團，用水（分量外）濕潤外層，在鋪滿粗砂糖的盤中滾動，均勻沾附砂糖。

8 切成約12mm的厚度，排列在烤盤上，放入預熱至160°C的烤箱中烤約20分鐘（直到底部呈現金黃色）。

沙布列酥餅 Sablés

這是從OXYMORON開店以來一直很受歡迎的外帶點心之一。
使用帶皮的杏仁粉和發酵奶油等原料，展現了單純而美好的風味。
輕盈鬆脆的口感，是透過以刮板邊切拌的同時邊混合麵團而來。

材料　5cm塊狀 約40~50片（約840g的麵團）

A
- 細砂糖……85g
- 低筋麵粉……325g
- 杏仁粉（帶皮）……100g
- 鹽……2g

發酵奶油……200g
雞蛋……1個

預先準備

- 在烤盤上鋪烘焙紙。
- 切成1.5至2cm大小的發酵奶油丁，放入冰箱備用。
- 讓蛋回溫。
- 過篩低筋麵粉。
- 將烤箱預熱至170℃。

作法

1. 在鋼盆中放入**A**，混合均勻。
2. 加入發酵奶油丁，同時使用刮板切拌，使粉類與奶油充分混合。一旦混合均勻，使用雙手的掌心互相揉搓。
3. 將**2**集中在鋼盆的中央，並在周圍加入打散的蛋液。
4. 使用刮板舀起蛋液和**A**的粉類混合。
5. 以刮板將麵團切成兩半，重疊，並用手壓實直到充分融合。重複此步驟直到粉粒消失。
6. 分成3等份，擀成約2~3mm的厚度。
7. 按照喜好的形狀切割，排列在烤盤上。在預熱至170℃的烤箱中烤約15~20分鐘。

奶油酥餅 Shortbread

這是一款以酥脆的形狀，和不含空氣的緻密質地為特色的奶油餅乾。
為了使其呈現白色外觀，我們會以較低的溫度長時間烘烤。
添加香草糖可以增添美好的風味。

材料　2.5cm方塊　20~25塊

A
- 發酵奶油……200g
- 細砂糖……100g
- 香草糖……1～2小匙
  ※可省略。
- 鹽……1g

牛奶……1大匙
低筋麵粉……380g

預先準備

- 切成1.5~2cm大小的發酵奶油丁，放入冰箱備用。
- 過篩低筋麵粉。
- 將烤箱預熱至150℃。

作法

1. 在鋼盆中放入**A**，使用打蛋器攪拌均勻。
2. 加入牛奶，充分混合。
3. 在另一個鋼盆中放入低筋麵粉。將**2**加入，用手掌按壓混合，直到沒有粉粒。
4. 將其均勻地擀開擴展到2cm的厚度，然後在冰箱中冷藏3小時以上，使其冷卻凝固。
5. 將**4**切成2.5cm的方塊狀，用竹籤在中央刺出孔洞，成為圖案。
6. 在150℃的烤箱中烘烤50分鐘。請注意，調整烘烤的時間，以避免顏色太深。

第 2 章

四季流轉
各個季節都想品嚐
特別的點心

草莓巴巴露亞

進入草莓盛產的季節，
每年我都會製作這款草莓巴巴露亞。
主要使用尺寸小巧的草莓，
通常用於製作果醬等，形狀稍微不規則，
但當你仔細地取下每一個草莓的蒂，製成果泥，
就會呈現出美麗的紅色。
在混合紅通通的果泥和卡士達時，
會被甜酸的草莓香氣包裹，
最終呈現出所預期的可愛粉紅色，
總是讓我感到開心。
即便是堅實而有彈性的巴巴露亞，
草莓的味道和香氣也被牢牢鎖在其中，
嚐到草莓果肉和種子帶來的小小的顆粒感，
也成為美味的一部分。
我經常聽到很多人說：
「一到草莓季節就想吃這款巴巴露亞」。

草莓巴巴露亞

材料　底徑4cm×高5.5cm（110cc）布丁杯 5個

草莓	150g
A 檸檬汁	10克（¼個）
A 君度橙酒（Cointreau）	½大匙
細砂糖	50g
蛋黃	1個
牛奶	150g
明膠粉	10g
鮮奶油	50g
裝飾	
B 鮮奶油	50g
B 細砂糖	5g
原味優格（無糖）	25g
草莓	5顆

預先準備

- 在杯子內均勻塗抹不帶強烈香氣的植物油（分量外）。
- 取下草莓的蒂。
- 將明膠粉浸泡在40克水（分量外）中備用。
- 用湯匙等攪拌優格，使其滑順，冷藏備用。

作法

1 用叉子搗碎草莓，也可使用食物料理機。

5 將**4**慢慢倒入**3**中，同時不斷攪拌直至光滑。

9 過濾後倒入鋼盆中。

13 將**11**加入**12**中攪拌均勻。

2 加入**A**的檸檬汁和橙酒。

3 在鋼盆中放入細砂糖（部分保留）和蛋黃，用打蛋器攪拌均勻至顏色變淺。

4 將保留的細砂糖放入鍋中，加入牛奶，用中小火加熱。

TIP 加熱至接近沸騰。

6 過濾後倒回鍋中。

7 用中小火加熱至稍微變稠。

TIP 請使用橡皮刮刀持續攪拌，不要煮沸。

8 加入泡過水的明膠塊，攪拌至溶解。

10 將鋼盆下墊冰水，讓其降溫。

TIP 持續攪拌，直到稍微凝固，然後取出。

11 將**2**加入混合均勻。

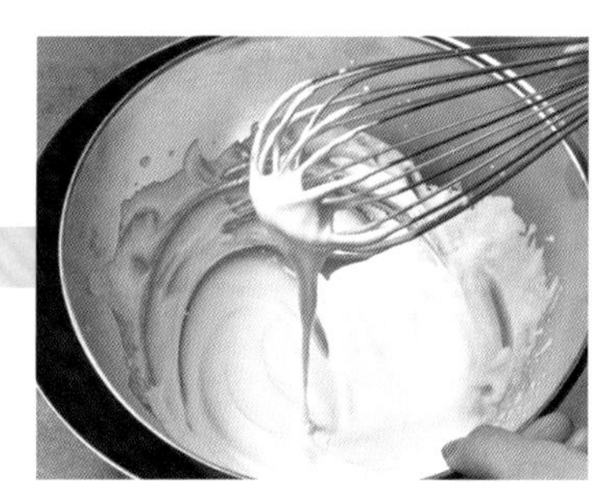

12 另取一個鋼盆，倒入鮮奶油，打發至6分發。

14 將混合物均勻地倒入布丁杯中，冷藏2小時以上至凝固。

15 將**B**放入鋼盆中，打發至8分發，然後與攪拌至滑順的原味優格混合。

16 淋在脫模的巴巴露亞上，輕輕拍打盤底使鮮奶油自然垂下，再裝飾上草莓。

檸檬塔

從初夏到盛夏，
我想製作一款清新可口的「甜點」，
於是製作了這個塔。
一般來說，
檸檬酪使用在許多糕點上，
但為了使其符合OXYMORON強烈的對比風味，
我在杏仁奶油餡中混入了濃郁的檸檬酪，
並以烘烤製成。
這款甜點具有適度平衡的甜和酸味，
味道令人難以忘懷。
可以擠上豐富的鮮奶油，
裝飾上漂亮的綠色開心果，
看起來更加可愛。

檸檬塔

材料　16cm×高2cm的塔圈1個

沙布列麵團（製作方法→P.51）	130g
檸檬酪 Lemon curd	
雞蛋	½個
A 細砂糖	30g
檸檬汁	30g（⅔個）
檸檬皮磨碎	½顆
奶油	25g
杏仁奶油餡 pâte à crème d'amandes	
奶油	25g
細砂糖	25g
雞蛋	½個
杏仁粉（去皮）	20g
低筋麵粉	5g
鮮奶油（乳脂肪42%）	適量
開心果	適量

預先準備

- 將奶油和雞蛋放至室溫。
- 過篩低筋麵粉。
- 用於檸檬酪的奶油切成約2cm的小丁。
- 用刀將開心果切成粗粒。
- 將烤箱預熱至170℃。

作法

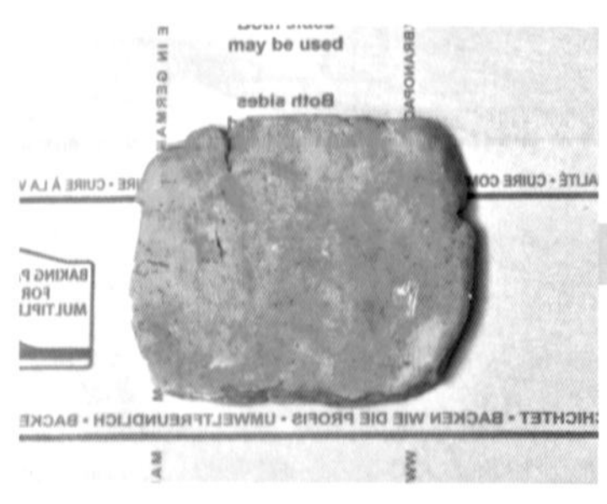

1　將沙布列麵團放在烘焙紙上。

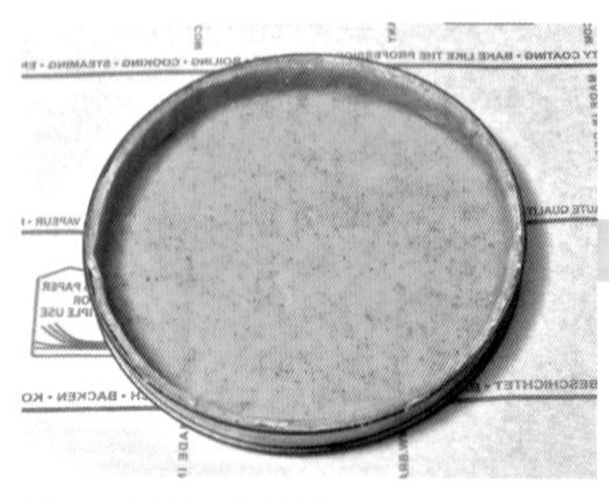

5　切好後的狀態。

9　一旦有黏性並變得濃稠，迅速用橡皮刮刀攪拌，關火。

13　將鮮奶油打發至9分發。

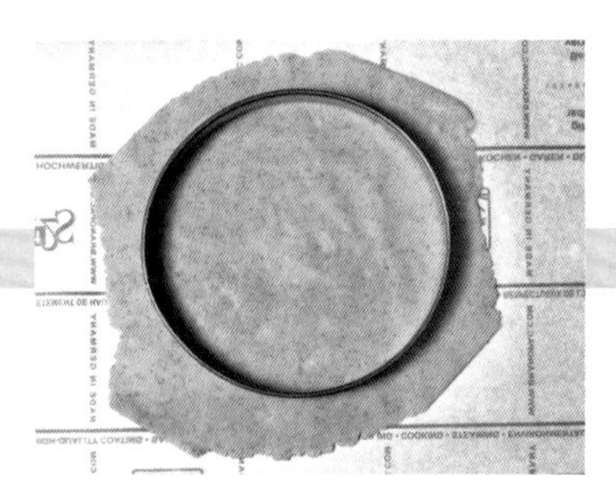

2 大小比圈環稍大一圈，擀至2~3mm的厚度。

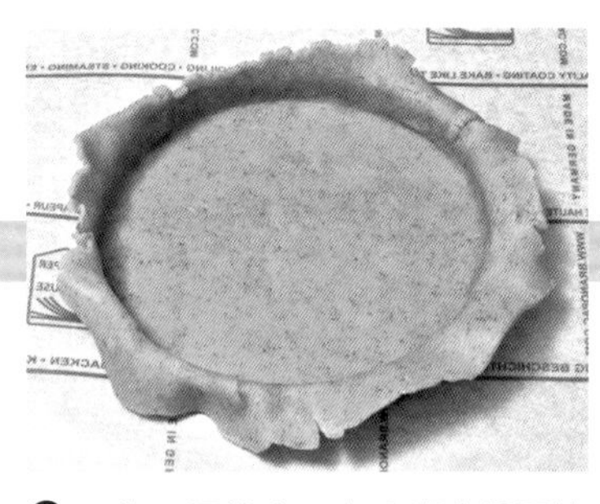

3 放入圈模中，在冷凍庫靜置約30分鐘。

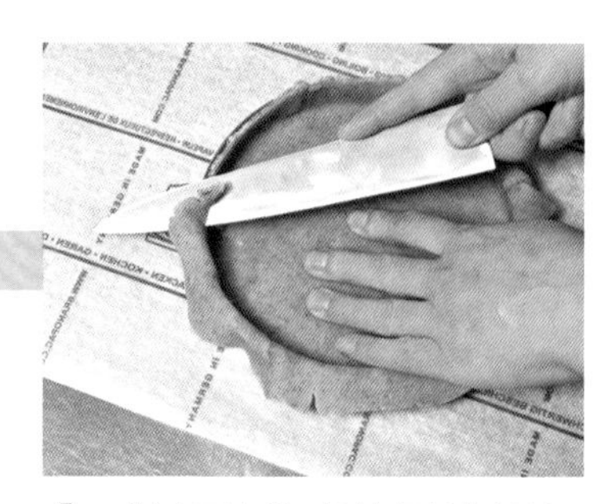

4 塔皮固定後，切掉多餘的部分。

6 放入170℃的烤箱中，烤約15分鐘。

7 製作檸檬酪。在鋼盆中打入蛋，除去繫帶，用打蛋器攪拌均勻。

TIP 去除蛋白的繫帶後可製作出光滑的檸檬酪，攪拌時要切斷蛋白充分混合。

8 與**A**一同放入小鍋中加熱。

※**7~10**的檸檬酪和杏仁奶油餡的照片是用2個塔的分量製作。

10 參考P.70製作杏仁奶油餡的步驟**2~5**。添加低筋麵粉。

11 將**9**和**10**放入鋼盆中混合。

12 填滿**6**的塔皮中。在170℃的烤箱烤30分鐘。

14 將**13**裝入放有圓口擠花嘴的擠花袋，擠在冷卻的檸檬塔上。以你喜好的方式擠花即可。

15 用開心果裝飾即完成。

鳳梨與印度乳酪的點心

Paneer（音譯：坡尼爾）是印度的一種乳酪，
製作方法與義大利瑞可塔乳酪或茅屋乳酪的方法幾乎相同。
傳統上，Paneer是一種不添加甜味，類似豆腐狀的食材，用於切塊作為咖哩的配料。
在OXYMORON我們用於點心，加入了鮮奶油和砂糖，味道變得更為豐富。

材料　4~5人分

	材料	份量
A	牛奶	500g
	鮮奶油	200g
	二砂糖	50g
	檸檬汁	2大匙
	鳳梨	½個
B	蜂蜜	3~4大匙
	肉桂棒	1根
	檸檬皮	適量

預先準備

・將鳳梨切成3~4mm厚的片，與**B**拌勻。

作法

1. 將**A**放入鍋中加熱。沸騰後，轉小火，1~2分鐘後撈去泡沫，加入檸檬汁輕輕攪拌。
2. 當乳清與乳酪分離時，用乾淨的布過濾。
3. 在布仍包裹的狀態下，用清水輕輕沖洗，然後放在濾網上，直到達到喜好的硬度為止，瀝去水分。
4. 轉移到容器中，放入冰箱冷藏。
5. 當**4**冷卻後，用事先拌勻的**B**和鳳梨裝飾，然後將檸檬皮刨絲，或者磨成檸檬皮碎撒在表面裝飾。

A的材料沸騰後，用小火煮1~2分鐘，然後關火，加入檸檬汁。

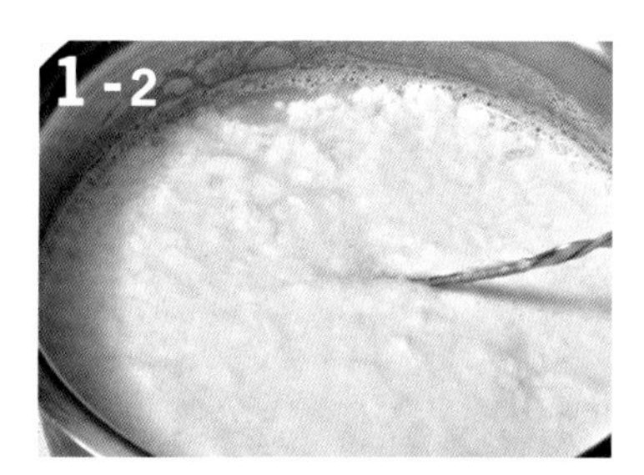

在輕輕攪拌的同時，等待它分離。

一旦分離，用清潔的布過濾。

榛果風味的達克瓦茲

香濃榛果風味的達克瓦茲（Dacquoise）。
夾上咖啡冰淇淋（P.42），既是一款成熟大人風味的甜點，也可以是午茶點心。
蘸上奶油霜或巧克力享用也很推薦。

材料　直徑5cm　15~16片

蛋白		約3顆（100g）
細砂糖		20g
A	低筋麵粉	20g
	純糖粉	80g
	榛果粉	80g
咖啡萃取液（P.20）		1小匙
咖啡冰淇淋（P.42）		適量

預先準備

- 烤盤上鋪烘焙紙。
- 將**A**混合並過篩備用。
- 將烤箱預熱至185℃。

作法

1. 在鋼盆中放入蛋白，使用手持電動攪拌器高速攪打至起泡。
2. 加入細砂糖，繼續攪打至形成堅挺的蛋白霜。
3. 等到出現細緻且堅挺的蛋白霜，將攪拌器調至中速~低速，持續攪拌至氣泡均勻。
4. 分2~3次加入**A**，同時加入咖啡萃取液。每次加入時都要小心輕柔地混合，以保持氣泡。
5. 使用裝有12mm圓口花嘴的擠花袋，在烤盤上擠出直徑5cm的圓形麵糊。由於會膨脹，請稍微保持間隔，以免黏在一起。
6. 在表面篩上純糖粉（分量外），放入預熱至185℃的烤箱中烤18~20分鐘。待涼後，輕輕從烘焙紙上取下。
7. 夾入適量的咖啡冰淇淋。

確保蛋白霜內的氣泡大小均勻。

用攪拌器從底部舀起麵糊落下。反覆這個步驟，使麵糊混合均勻。

篩上大量純糖粉，表面就會烤得酥脆。

咖啡凍

這款口感緊實的咖啡凍，
入口時散發濃郁的咖啡風味和豐富的香氣。
我們在店內使用了2種不同烘焙度和產地的咖啡豆混合，製作出這款咖啡液。

材料　方便製作的分量

咖啡凍

A	咖啡液	210g
	細砂糖	20g
明膠粉		5g
咖啡利口酒		10g
鮮奶油、咖啡豆		各適量

預先準備

- 用咖啡濾紙沖泡20g的細磨咖啡粉，製作咖啡液。
- 將明膠粉用1大匙的水（分量外）浸泡備用。

作法

1. 在鍋中放入**A**，加熱至快要沸騰時即可離火。
2. 在**1**中加入浸泡好的明膠塊，輕輕攪拌至溶解。
3. 待混合物降至室溫後，加入咖啡利口酒拌勻。
4. 倒入容器中，冷藏至凝固。
5. 切成易入口的大小，裝入玻璃杯中，添加打發至8分發的鮮奶油和咖啡豆。

製作咖啡液

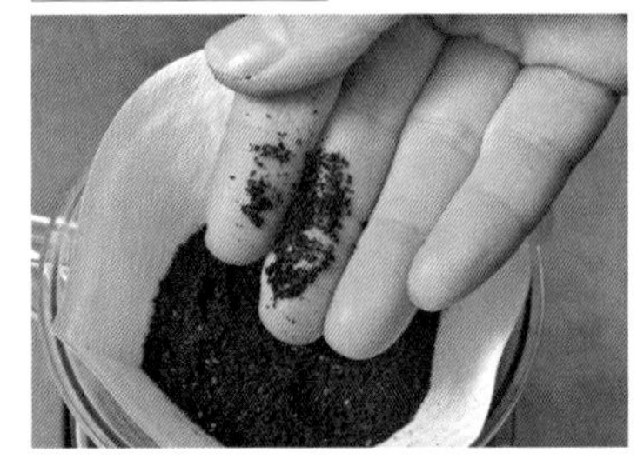
深焙1：中深焙2的比例，準備20g的咖啡粉。

→

用咖啡濾紙萃取咖啡。

→

製作出210g的咖啡液。

無花果杏仁蛋糕

這是一款只需在一個鋼盆中
將奶油、蛋和粉類混合
非常簡單的蛋糕食譜。
雖然使用香蕉、鳳梨、蘋果等
也可以製作出美味的蛋糕，
但在我們的店裡，會在夏天結束、氣溫稍微涼爽，
渴望烘烤點心的季節，
使用當季的無花果來製作這款蛋糕。
新鮮的無花果在經過烤箱烘烤後，
甜味會被濃縮，
果汁會滲透到蛋糕體中，增添美味。
事先混入麵糊中的無花果乾
帶有甜味和柔韌的口感，
杏桃乾的酸味
也為口感增添了層次。
請務必在無花果的季節嘗試製作。

無花果杏仁蛋糕

材料　直徑 15cm × 高 6cm 的圓模 1 個

A
- 杏桃乾……50g
- 無花果乾……50g

奶油……125g

細砂糖……75g

雞蛋……1 個

杏仁粉（帶皮）……35g

B
- 低筋麵粉……125g
- 泡打粉……3g

君度橙酒（Cointreau）……15g

無花果……中等大小 3~4 個

開心果……適量

鏡面果膠（Nappage）……適量

※ 可以用市售杏桃果醬替代鏡面果膠，如果果肉較大，可以搗碎並過篩。

預先準備

- 在模具中鋪烘焙紙。
- 將奶油和蛋放置室溫回溫。
- 將 **B** 混合過篩備用。
- 用刀粗略切碎開心果。
- 預熱烤箱至 180°C。

作法

1 將 **A** 浸泡在沸騰的水中，直到變軟，然後瀝乾水分。

5 再加入杏仁粉攪拌均勻。

9 使用橡皮刮刀，從底部翻起攪拌。

13 在蛋糕中央插入竹籤，如果沒有附著麵糊就表示烘烤完成。脫模取出。

2 在鋼盆中放入奶油，使用電動攪拌機或打蛋器攪拌至蓬鬆、顏色變淺。

3 加入細砂糖，繼續攪拌。

4 加入打散的蛋攪拌均勻。

6 加入⅔材料**B**混合。

7 倒入君度橙酒攪拌均勻。

8 加入**1**與剩餘的**B**混拌。

TIP 與粉類一起加入，可防止**1**沉到底部，使果乾分佈均勻。

10 將**9**倒入模型，用湯匙背面等工具平整表面。

11 將切片的無花果從中央開始，呈放射狀排列。

12 放入180℃的烤箱中烘烤30分鐘。

14 將鏡面果膠用溫水（分量外）溶化，用刷子塗抹在表面。

15 撒上切碎的開心果。

季節的克拉芙蒂 Clafoutis

只要掌握了基本的麵糊製作方法，
克拉芙蒂就是一個極為推薦的糕點，因為你可以用各種季節盛產的水果來變化，
在溫熱的時候會是軟綿入口即化，冷卻後會變得稍微有嚼勁與口感。

材料 直徑22cm的耐熱容器 1個

細砂糖	100g
香草莢	½支
A 全蛋	3顆
A 蛋黃	3個
低筋麵粉	75g
牛奶	225ml
鮮奶油	225ml
葡萄	適量

預先準備

- 在容器內薄薄地塗上軟化奶油（分量外）。
- 先將低筋麵粉過篩。
- 預熱烤箱至180℃。
- 將葡萄對切。

作法

1. 將細砂糖放入鋼盆中。
2. 從香草莢中取出的香草籽加入**1**，用手搓均勻。將香草莢保留。
3. 加入**A**，用打蛋器充分攪拌。
4. 加入低筋麵粉，輕輕攪拌避免結塊。
5. 在鍋中加入牛奶和香草莢，加熱。當鍋邊冒泡時，離火，加入鮮奶油。
6. 將**5**加入**4**中，混合後過濾。
7. 在模具中擺放切半的葡萄，倒入**6**，放入預熱至180℃的烤箱中烤50分鐘，直到表面呈現金黃色。

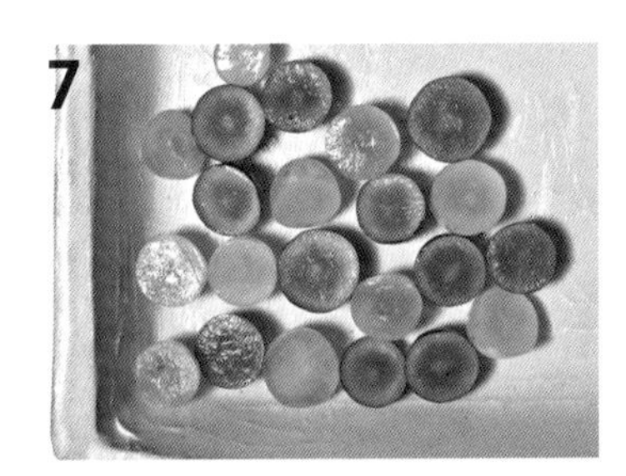

排列葡萄，切面朝上。

香料巧克力蛋糕

這是一款濃郁芳醇的巧克力蛋糕，
融入了肉桂、薑和丁香等香料，
散發出成熟的風味。
巧克力與洋李的搭配十分出色，
洋李不僅裝飾在表面，還混入麵糊中，
成為凸顯巧克力甜味的重要角色。
此外，開心果和可可粒的脆爽口感
也為這款蛋糕增添了令人愉悅的元素。
所使用的混合香料是經過試驗，
精心搭配而成，
適合製作甜點，
而且可以輕鬆地保存，
用於製作香料穀片或太妃布丁等點心，
也非常適合。

香料巧克力蛋糕

材料　12cm×6.5cm×高6.5cm的磅蛋糕模1個

巧克力（可可含量約55%）……40g
奶油……40g
二砂糖……40g
雞蛋……1顆
杏仁粉（帶皮）……15g
A［低筋麵粉……15g
　可可粉……5g
　泡打粉……2g
混合香料★……2g
★［肉桂粉……10g
　薑粉……5g
　丁香粉……2g
　豆蔻粉……2g
　從混合香料中取2g使用。
B［可可粒（cacao nibs）……5g
　開心果……5g
洋李乾……20g
蘭姆酒……10g
裝飾用
裝飾巧克力（coating chocolate）……120g
裝飾用洋李乾……3顆

預先準備

- 模具中鋪烘焙紙。
- 奶油和雞蛋回復室溫。
- 準備混合香料（容易操作的分量）。
- 把**A**和混合香料一起混合過篩。
- 將**B**的可可粒用刀粗略切碎。
- 要加入麵糊的洋李乾切成約1/6大小。裝飾用的切對半。
- 預熱烤箱至170°C。

作法

1　巧克力隔水加熱融化。

5　加入融化的巧克力，繼續攪拌。

9　加入**2**，混合。

13　將蛋糕的頂部切平，倒過來放置，從上方倒下裝飾用巧克力。

2 切小的洋李乾快速在沸騰的熱水中浸泡，然後瀝乾水分。

3 在鋼盆中放入奶油攪拌，加入二砂糖攪拌直到顏色變淺。

4 逐漸加入打散的雞蛋，小心不要分離。

6 加入杏仁粉，混合均勻。

7 均勻的狀態。

8 加入⅔的**A**和混合香料，與**B**，改用橡皮刮刀混合。

10 加入蘭姆酒和剩餘的**A**和混合香料，混拌均勻。

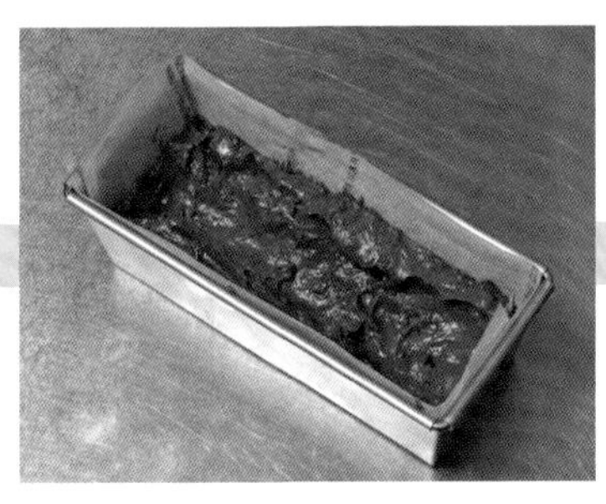

11 將麵糊倒入模中，放入預熱至170°C的烤箱中烤40分鐘。

12 烤好後，脫模放在網架上冷卻。同時，將裝飾用巧克力隔水加熱融化。

14 側面也用抹刀將巧克力抹平。

15 修整成平坦的外觀。

16 在巧克力乾燥之前放上裝飾用的洋李乾。

焗烤水果卡士達

在寒冷的日子裡，品嚐熱騰騰的卡士達甜點，讓人感到非常幸福。
水果可以選用當季盛產或個人喜愛的，
這裡使用了帶有酸味的莓果和香蕉濃郁的香蕉。

材料　方便製作的分量

- 蛋黃……3個
- 細砂糖……25g
- 牛奶……200g
- 玉米澱粉……5g
- **A**
  - 藍莓……適量
  - 覆盆子……適量
  - 香蕉……適量
- 君度橙酒（Cointreau）……2小匙
  ※可省略。
- 純糖粉……適量

預先準備

- **A** 的香蕉切成適當大小。

作法

1. 在鋼盆中放入蛋黃和一半的細砂糖，用打蛋器攪拌至顏色變淺。
2. 在鍋中放入剩餘的細砂糖和牛奶，加熱至快沸騰。
3. 玉米澱粉加入 **1** 攪拌均勻，以免結塊。
4. 將 **2** 倒入混合。
5. 用篩網將 **4** 過濾倒回鍋中，以中火加熱。使用橡皮刮刀迅速攪拌鍋底，防止燒焦，當表面冒出細小泡泡時，離火。
6. 在耐熱容器中排放一半的 **A**，加入 **5** 的卡士達，再加入剩下的 **A**。根據喜好，在表面淋上君度橙酒。在預熱至200℃的烤箱中烘烤7~10分鐘，或以小烤箱（toaster oven）烤3~5分鐘，直到表面略帶焦糖色。最後，篩上純糖粉。

5-1 快速攪拌鍋底，防止燒焦。

5-2 當卡士達濃稠可保持形狀時即可離火。

糖煮蘋果 Apple compote

這是一道降低甜度，保留蘋果口感的甜點。
此外，添加了洋李乾，並撒上酥粒進行裝飾，
是一款可以輕鬆品嚐的季節點心。

材料　方便製作的分量

糖煮蘋果

	蘋果	2個
A	細砂糖	水重量的20%
	檸檬汁	40～50g（1個）
	肉桂棒	1條
	丁香	2顆
	月桂葉	1片
	洋李乾	5個

酥粒

B	低筋麵粉	60g
	二砂糖	20g
	鹽	1小撮
	奶油	30g

預先準備

- 將奶油切成約2cm的小丁。
- 過篩低筋麵粉。
- 預熱烤箱至170℃。

糖煮蘋果的作法

1. 將蘋果去皮切成8片，排放在鍋中。連同削下的蘋果皮一起加入。
2. 加入足夠覆蓋蘋果表面的水（分量外）。
3. 加入**A**，蓋上蓋子加熱。當蘋果煮熟後，離火，加入切半的洋李乾。

酥粒的作法

1. 在鋼盆中放入**B**，混合均勻。
2. 加入奶油丁，用刮板邊切碎邊混合。
3. 當大略混合後，用手搓成鬆散的砂礫狀，鋪在烤盤上，放入預熱至170℃的烤箱中烤17~18分鐘。

第 3 章

與重要的人一起共度時光。奢華的點心和飲品

太妃布丁

這是一款帶有香料風味的英國傳統點心
「Toffee pudding」的改良版本，
加入了用紅茶煮過的豐富果乾，
然後在烤箱中慢慢蒸烤。
將這款蓬鬆、Q彈的蛋糕
搭配溫暖的太妃醬，
是一種充滿季節氣氛的甜點。
這是聖誕季節限定的菜單，
店內的太妃醬使用了特選，
名為「Vergeoise Brune*」
風味獨特的初階紅糖。
雖然配方中使用容易取得的二砂糖，
但如果你希望增添風味和香氣，
也可以將部分二砂糖使用初階紅糖替代。
和香料巧克力蛋糕一樣，
這個配方也使用了混合香料。

* 原料是甜菜。將除去結晶糖後剩餘的糖漿再次煮沸並進行第二次結晶。
由於其精製程度較低，因此賦予糖獨特的風味和顏色。

太妃布丁 Toffee pudding

材料　底徑4cm×高5.5cm（110cc）的布丁杯10個

麵糊

A	杏桃乾	60g
	洋李乾	100g
	葡萄乾	60g
	水	250g
	二砂糖	50g
B	紅茶包	1個
	肉桂棒	1根
C	奶油	110g
	二砂糖	200g
雞蛋		3個
D	低筋麵粉	300g
	泡打粉	4g
	混合香料★	10g

★	肉桂粉	10g
	生薑粉	5g
	丁香粉	2g
	豆蔻粉	2g

從混合香料中取10g使用。

鮮奶油（乳脂肪35%）、葡萄乾……各適量

太妃醬（10個分）

二砂糖……75g

※ 如果有初階紅糖Vergeoise Brune可替換

奶油……75g

鮮奶油（乳脂肪35%）……150g

預先準備

- 在模具的內側薄薄塗抹奶油（分量外）。
- 奶油回到室溫。
- ★混合在一起製成混合香料（方便製作的分量）。
- 預熱烤箱至170℃。

作法

1 在小鍋中放入**A**和**B**，加熱至沸騰，熄火冷卻2~3分鐘。待冷卻後，移除**B**。

5 加入⅔的**D**，改用橡皮刮刀混合。

9 加入剩餘的**D**，混合直到粉末消失。

13 烘烤完成，待涼後從杯中取出。將頂部切平，倒扣在盤子上。

2 在鋼盆中放入**C**，使用打蛋器摩擦混合。

3 逐漸加入打散的雞蛋，混合均匀以防分離。

4 混合均匀的狀態。

6 混拌均匀。

7 加入**1**。

8 使用橡皮刮刀從底部像舀起一般混合。

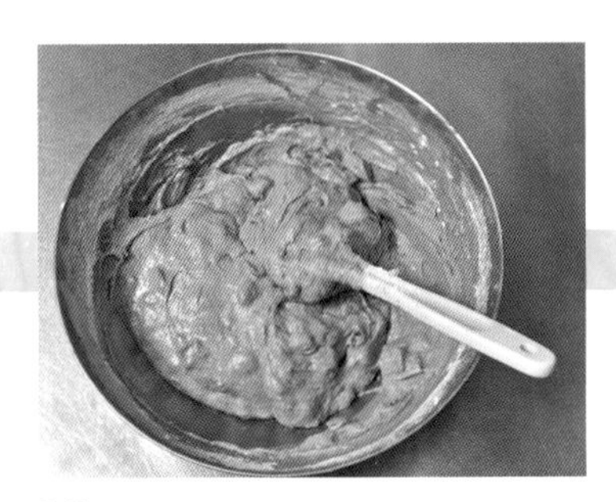

10 麵糊完成。

11 使用湯匙等將麵糊放入布丁杯中約7分滿。

TIP 以湯匙將中央形成凹陷，可使麵糊均匀加熱。

12 放置在深烤盤內，倒入熱水。在170℃的烤箱中烘烤25分鐘。

14 將太妃醬的材料放入小鍋中，同時攪拌加熱。

15 當奶油融化並乳化時，熄火。以湯匙將溫熱的醬汁淋在**13**上。

15 加入8分打發的鮮奶油和葡萄乾。

草莓和覆盆子夾層蛋糕

這款蛋糕品嚐起來像草莓蛋糕一樣，有著鬆軟的蛋糕體。
搭配含有馬斯卡彭乳酪的夾層奶油醬、覆盆子果醬和草莓，簡單裝飾而成。

材料 直徑18cm×高度6cm的圓模1個

麵糊

- 雞蛋……3個
- 細砂糖……85g
- A
  - 杏仁粉（去皮）……35g
  - 低筋麵粉……100g
- 奶油……60g

夾層奶油醬

- B
  - 鮮奶油（乳脂肪42%）……150g
  - 馬斯卡彭乳酪（Mascarpone）……150g
  - 細砂糖……20g

覆盆子果醬（方便製作的分量）

- C
  - 冷凍覆盆子……300g
  - 細砂糖……120g
  - 檸檬汁……20~25克（約½個）
- 草莓……1盒

預先準備

- 在模具底部鋪上烘焙紙。
- 將雞蛋放至室溫。
- 融化奶油。
- 將**A**混合在一起，過篩備用。
- 預熱烤箱至180°C。
- 解凍覆盆子。

覆盆子果醬作法

在小鍋中放入**C**，攪拌均勻後加熱。不停攪拌，煮至濃稠，避免燒焦。

作法

1 在鋼盆中打入雞蛋，取出蛋白的繫帶，用打蛋器攪拌。

2 下墊熱水中溫熱**1**，分2~3次加入細砂糖，加熱至人體肌膚溫度，並使用手持攪拌器或打蛋器打發，然後快速打發至蛋糊變得濃稠時，停止隔水加熱，繼續高速攪拌直到蛋糊表面可留下清晰的痕跡。

3 使用橡皮刮刀將鋼盆邊的蛋糊清理乾淨，分3次加入**A**。每次都一邊轉動鋼盆，一邊將攪拌器輕輕地從底部將麵糊翻起，混合但不破壞氣泡。

4 當沒有粉粒感後，再次用橡皮刮刀清理鋼盆邊的麵糊。

5 將部分麵糊與已融化的溫奶油混合，直至乳化，然後倒回**4**的鋼盆中。

6 同時轉動鋼盆，用橡皮刮刀迅速舀起底部的麵糊混合。

7 把麵糊倒入模具中，輕輕敲擊模具底部3~4次以去除大氣泡，然後在180°C的烤箱中烤25分鐘。烤好後，脫模取出並冷卻。

8 把蛋糕橫切成兩片，中間夾上混合打發⅓的**B**（約100g）、覆盆子果醬（100g）和一半的草莓切片。

9 頂部均勻塗上剩下的**B**，再放上剩下的切半草莓即可。

當舀起麵糊時，落下的痕跡會保留在表面，表示打發得足夠。

在融化奶油中加入一部分的**4**。

先少部分混合乳化奶油，使奶油的油脂更容易與整體麵糊混合。

椰香冰淇淋蛋糕

這是一款在夏天簡單製作的熱帶甜點，只需混合即可。
將鮮奶油、馬斯卡彭乳酪和
濃郁的椰奶混合在一起，加入豐富的水果，然後冷藏凝固。

材料　16cm×7cm×高7.5cm磅蛋糕模1個

柳橙果肉……½個
芒果……80g
※也可使用冷凍或罐裝的。
奇異果……½個
A 鮮奶油……100g
　馬斯卡彭乳酪(Mascarpone)……50g
蜂蜜……50g
椰奶……100g
B 檸檬汁……1大匙
　柳橙汁……2大匙
柳橙皮磨碎……½顆
開心果……10g
手指餅乾(市售)……6條

預先準備

- 在蛋糕模內鋪烘培紙。
- 將蜂蜜隔水加熱至液體狀，使其更容易混入。
- 將柳橙皮刨碎。
- 用刀切碎開心果。

作法

1. 柳橙果肉去籽切成4~5等分，芒果和奇異果切成適當大小。
2. 將**A**放入鋼盆中，同時加入蜂蜜，用攪拌器充分攪拌。
3. 加入椰奶、**B**、刨碎的橙皮，繼續攪拌。
4. 加入開心果和**1**，混合均勻後倒入模具中。
5. 將市售的手指餅乾排列在表面，放入冷凍庫冷藏凝固。

將水果切成容易入口的大小。

在混合時加入液化的蜂蜜。

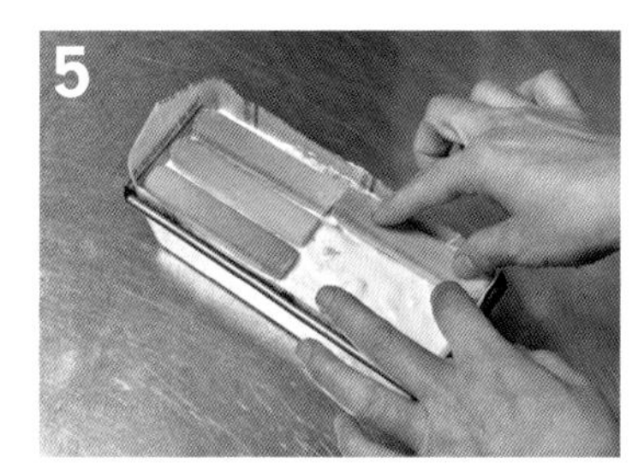

將手指餅乾排列在表面。如果手指餅乾太長，可稍微切短。

栗子巴斯克蛋糕

這是一款改編過的法國傳統糕點，使用栗子的巴斯克蛋糕，
與其他食譜相比，需要多一點時間製作栗子泥、組裝和完成，
但非常美味又特別。請務必嘗試一下。

材料 直徑15cm×高度6cm的圓模1個

和栗泥

- 栗子……90g
- 二砂糖……10g
- 水……30g
- 鮮奶油……30g

杏仁卡士達餡

- **A** 蛋黃……1個
- **A** 二砂糖A……10g
- **B** 低筋麵粉……6g
- **B** 高筋麵粉……6g
- **C** 牛奶……100g
- **C** 二砂糖B……10g
- 奶油……3g
- **D** 蘭姆酒……4g
- **D** 去皮杏仁粉……28g

巴斯克麵團

- **E** 發酵奶油……150g
- **E** 二砂糖……60g
- 蛋黃……3個
- 蘭姆酒……5g
- 杏仁粉（帶皮）……75g
- **F** 低筋麵粉……75g
- **F** 高筋麵粉……75g
- 粗砂糖……60g
- 鹽……1.5g

糖煮栗子（市售）……8~10粒

預先準備

- 在模具內鋪上烘培紙。
- 將奶油放至室溫。
- 分別將**B**和**F**過篩備用。
- 預熱烤箱至170℃。

和栗泥作法

1. 把煮熟的栗子切開，用湯匙挖出栗仁。
2. 在鍋中加入**1**、二砂糖和水，搗碎栗子，煮至水分蒸發。
3. 使用食物料理機，將**2**攪打成稍微粗的泥狀。
4. 將**3**放回鍋中，加入鮮奶油混合均匀，加熱攪拌至順滑。

杏仁卡士達餡作法

1. 在鋼盆中加入**A**，用攪拌器攪拌至顏色變淺。
2. 加入**B**，混合均匀，避免結塊。
3. 在鍋中加入**C**，加熱至即將沸騰。
4. 將**3**逐漸倒入**2**中，用攪拌器攪拌均匀。
5. 將**4**過濾後倒回鍋中，以中火加熱。
6. 緩慢攪拌，直到稍微變稠。換成橡皮刮刀，持續攪拌，直到以橡皮刮刀劃過可看到鍋底的濃稠程度。
7. 離火，加入奶油攪拌均匀。
8. 待稍微冷卻後，加入**D**攪拌，下墊冰水冷卻。

巴斯克麵團作法

1 在鋼盆中放入**E**的發酵奶油和二砂糖，使用攪拌器或木杓攪拌均勻。

2 逐一添加蛋黃在**1**中，每次都充分攪拌使其順滑。

3 加入蘭姆酒並繼續攪拌。

4 添加杏仁粉混合均勻。

5 加入**F**，繼續混合至稍微帶有粉粒感。

6 加入粗砂糖和鹽，從底部往上翻起，持續混合直到麵團均勻有光澤。

栗子巴斯克蛋糕的組裝

1 使用裝有1cm圓口花嘴的擠花袋，將巴斯克麵團350克裝入袋中，擠入模型底部並以刮刀抹平，確保空氣排出。

2 在模型側面擠出麵團，使其高度達到4cm，將頂部抹平。

3 在中央擠入和栗泥，使其平坦。

4 平坦後的狀態。

5 排列糖煮栗子。

6 從頂部擠入杏仁卡士達餡，與側面等高並抹平。

7 擠入剩餘的巴斯克麵團，使頂部平坦。

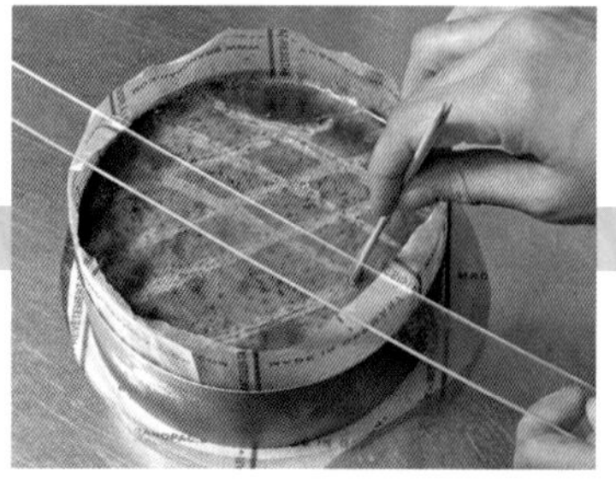

8 使用少量水和咖啡液將蛋黃輕輕調勻（都是分量外），用刷子塗抹在表面，使用尺和竹籤畫出圖案。

9 在預熱至170℃的烤箱中烘烤40分鐘，然後將溫度降至160℃，繼續烘烤20~25分鐘。中芯部分熟透即完成。

柳橙拉西 Mandarin lassi

作為咖哩的搭配飲品，
芒果拉西是經典之一，
但為了增加新風味，我試著用柳橙製作。
重點是使用整顆柳橙，包括皮。
濃郁的柳橙風味搭配上陳皮的微苦，
非常美味。

材料　方便製作的分量

柳橙……5個
A ┌ 細砂糖……柳橙重量的20%
　 └ 檸檬汁……40~50克（1個）
無糖優格、牛奶、陳皮粉……適量

作法

1　2個柳橙去頭尾，保持皮的狀態用刀切片再切成適當大小。剩下的3個柳橙去皮，去除粗的中果皮，分成小塊。

2　在鍋中加入**1**和**A**，用小火加熱，當果汁冒出時轉中火，壓爛果實。途中會產生浮沫，請撈除。

3　煮幾分鐘後，關火，稍微冷卻後使用食物料理機打成光滑的果泥。

4　將**3**倒入玻璃杯中，慢慢倒入以1:1比例混合的無糖優格和牛奶。

5　最後加上陳皮粉裝飾，完成。

熱巧克力

我們混合了不同濃度的巧克力，
營造出豐富的風味，
再加入少量的鹽，使口感更豐富。
這是自我們開業以來
就一直受歡迎的熱飲。

材料　1人分

A ┌ 牛奶……200g
　 │ 黑巧克力……15g
　 │ 牛奶巧克力……12g
　 │ ※ 使用「Valrhona Caraïbe」和「Valrhona Lactée」巧克力。
　 └ 鹽……1小撮的一半
鮮奶油、可可粒（cacao nibs）……各適量

預先準備

・將可可粒切碎。
・將鮮奶油打至8分發的程度。

作法

1　把**A**放入小鍋中加熱，將巧克力完全融化。

2　將**1**過濾注入杯子。

3　最後在上方加入打至8分發的鮮奶油，並點綴可可粒。

滿溢咖啡的芭菲

這是一款能充分品味咖啡風味的「甜點」。
在店裡，我們使用咖啡穀片作為底層，
但在書中，我們以可可餅乾和堅果替代。
請大膽地從杯底攪拌，
享受每一口帶來的味道交融。

材料　1人分

A
- 巧克力餅乾（P.28）、
  ※ 也可以使用市售的餅乾。
- 杏仁、胡桃……各適量

鮮奶油（乳脂肪42%）……適量
咖啡冰淇淋（P.42）、咖啡凍（P.66）……各適量
榛果風味的達克瓦茲（P.64）……2片

預先準備

・將鮮奶油打至8分發的程度。

作法

1 把A放入杯底。
2 咖啡冰淇淋使用挖杓舀入，咖啡凍則切成約2~3cm的小塊放入。
3 加入打發的鮮奶油，並搭配榛果風味的達克瓦茲。

薑香風味飲

在強烈的生薑風味中添加了丁香、
肉桂棒和卡宴辣椒等香料。
你可以根據個人口味，
用水或蘇打水稀釋成你喜歡的濃度，
製成生薑飲料，也建議加入啤酒中享用。

材料　方便製作的分量

A
- 生薑……300g
- 肉桂棒……1根
- 丁香……3粒
- 月桂葉……1片

卡宴辣椒（Cayenne pepper）……2根
小豆蔻（Cardamom seeds）……3粒
水……1000g
三溫糖……450g

預先準備

・將生薑澈底清洗，沿著纖維切成2~3mm的薄片。

作法

1 將A放入鍋中。
2 將卡宴辣椒切成薄片，將籽也一起放入 1 。
3 使用剪刀切開小豆蔻，加入1。
4 加水並加熱。一旦開始沸騰，將火調小，煮約1小時。
5 三溫糖分 2~3 次加入，繼續煮沸約 30 分鐘。

系列名稱／Joy Cooking
書名／名店OXYMORONの熱賣甜點
作者／大島小都美・村上愛子
出版者／出版菊文化事業有限公司
發行人／趙天德
總編輯／車東蔚
文 編・校 對／編輯部
美編／R.C. Work Shop
地址／台北市雨聲街77號1樓
TEL／(02)2838-7996
FAX／(02)2836-0028
初版日期／2024年3月
定價／新台幣370元
ISBN／9789866210945
書號／J159
讀者專線／(02)2836-0069
www.ecook.com.tw
E-mail／service@ecook.com.tw
劃撥帳號／19260956大境文化事業有限公司

國家圖書館出版品預行編目資料
名店OXYMORONの熱賣甜點
大島小都美・村上愛子 著；初版；臺北市
出版菊文化，2024[113] 96面；
19×26公分(Joy Cooking；J159)
ISBN／9789866210945
1.CST：點心食譜
427.16　　113001219

請連結至以下表單
填寫讀者回函，
將不定期的收到優
惠通知。

攝影　吉田美湖、中野昭次
設計　渡部浩美
攝影協力　小野沙織、服部このみ
企畫編輯　株式会社童夢